這樣開會效益最高

這樣**帶**最不浪費時間又有效

七大類別的會議

經營策略大師
陳宗賢 教授◎主講

陳致瑋、吳青娥◎整理

講者序

多年來在輔導企業的過程中，發現最嚴重的經營管理問題就是「不會開會」，要不就是不開會，要不就是會太多，更嚴重的是亂開會，如此一來就累積民怨與浪費資源。

很多企業老闆與主管很好奇也很疑惑地常問我：「在扮演專業總經理與執行長的角色上是如何去掌握與管理，方能從容不迫地創造績效，又不會手忙腳亂？」其實這不難，也為此分享給有心人參考如下：

A 確認公司的經營理念與宗旨。

B 了解產業、經營環境與條件後，擬定「策略地圖」。

C 導入目標管理與計畫經營，或稱「年度經營計畫」。

D 依經營計畫編擬經營預算。

E 確認各部門與各員的 KPI 值。

F 將年度計畫化為月份計畫。部門與各員均如此。

G 在管理面要落實表單管理，亦即建立日報表制。

H 掌握日進度績效後，就應進行協調溝通的互動與排除部門間的瓶頸。

I 落實會議管理制度。

1. 部級主管要召開日會、週會、月會。

   a. 日會：收心與重點提示，順道進行 OST，亦即花約 10 分鐘進行工作優化的訓練。

   b. 週會：每週固定時間進行約 1 小時的工作進度追蹤。

   c. 月會：每月第一週的週會就是月會，意在檢討各員的上月工作績效。

2. 經營者要固定時間召開四大會議。參與者是部級以上主管與必要參加的相關幹部。

   a. 第一週：主管會議，又稱月績效檢討會，意在檢討各部門的上月績效。

   b. 第二週：行銷業務會議，意在檢討業務績效與研討公司行銷對策。

   c. 第三週：產銷會議，意在檢討上月的產銷執行成效，預估達成率、耗損率、品質率，確認未來 3 個月的銷售預估，確認次月的生產排程，確認外包計畫排程，檢視原物料庫存，確認資材採購計畫。

   d. 第四週：研發商開會議，意在追蹤研發進度，確認公司產品計畫，研討決策新品開發計畫。

3　專案負責人要依專案計畫排程召開專案會議。參與者是專案小組成員，意在追蹤檢討專案的進度、成效與對策。

J　確實掌控所有目標計畫的執行成效，落實績效考核。

另外，會議管理要有效，一是會議排程時間要固定，每次會議都要掌控進行的時間，原則上不超過 3 小時。二是一定要有議程，並通知與會人員。

三是報告要用 PPT 檔。四是主席要控場與控制時間。五是會議結束時，會議記錄也完成。主席要總結歸納，並強調待辦事項與負責執行人員應完成時間。與會人員無異議後，就即席發出會議記錄，由負責記錄的人開始進行待辦事項追蹤，並每日報告會議主席。

上述的經營管理方法與會議管理方法是我 40 多年來的經營管理準則，因此我能有效掌控一切，經營成效也就優異地展現出來。我無須整天忙碌不堪，會議開不完。

我的會議管理準則是：

A　精簡會議

B　會而有議

C　議而有決

D　決而有行

E　行而有效

更重要的是，除專案會議不定時召開外，其餘四大會議與部級主管要召開的會議皆是年度初期就排定，不可能隨時召開與任意召開。另外的關鍵是，會議通知與會議記錄是同一張表格，而且只記錄決議重點，過程無須繁瑣的記錄，所以記錄能在會議結束就發出。

誠心提醒的是，經營者的職責是要深入研判經營環境條件的變化與公司發展的規劃，不能花太多時間在無謂的會議上。管理者的職責是要督促與輔導團隊去執行，不能花太多時間成為會議專家。

綜言之，會議管理是企業經營管理的必要，因為可以評量經營的績效與解決和排除瓶頸，加強團隊經營共識，但是不能過猶不及，因為會議成本很高。

陳宗賢

導讀

　　很多企業都會開會，但是開會結果卻收效甚微，主要原因就是職責規劃不清，或越級管理，或沒有責任意識，或不知如何管控公司的經營成效。

　　本書是以組織中的經營決策層與管理階層的職責功能為主軸，說明各功能的管理重點，以及如何有效進行會議管理，管控報表效益。

　　當然，說明之前要先認知：組織層級猶如一個金字塔，可分成 5 個位階，由上而下依序是決策主管、高階主管、中階主管、基層主管、基層人員。5 個位階又可分成三大團隊：經營團隊、管理團隊、執行團隊。示意如下：

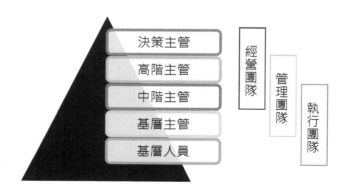

A　決策主管，意指執行長、總經理。若有董事會，就是董事長；總經理則變成高階主管。若是微型企業，就是老闆。

B　高階主管，意指協理、副總，或稱處級主管。若有事業部，就是事業部主管。

C　中階主管，意指經理、副理，或稱部門主管、理級主管。

D　基層主管，意指課長、組長、主任，或稱單位主管、課級主管。

E　基層人員，意指沒有主管頭銜的人，諸如助理、專員。

A　經營團隊，意指中階主管、高階主管、決策主管。

B　管理團隊，意指基層主管、中階主管、高階主管。

C　執行團隊，意指基層人員、基層主管、中階主管。

　　當我們釐清組織層級中各位階的主要職責是什麼，就不會混淆不清。當我們釐清組織層級中各位階的主要職責是什麼，我們就會知道「我們要努力，我們要成功」這句話是執行長在講的，執行長以下主管要講的是「我們要怎麼做」，不能讓執行長下海做。

　　再者，就經營架構而言，由上而下依序是理念、願景、年度目標、執行計畫、預算。示意如下：

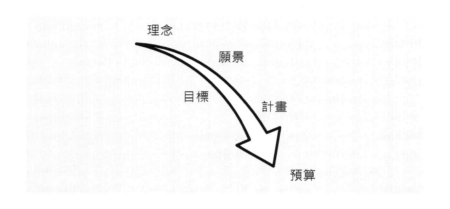

理念

願景

目標

計畫

預算

　　理念是企業的基石。理念會形成企業文化。有了理念，就有願景。願景是企業的 5 年發展目標。有了 5 年發展目標，就有年度目標。有了年度目標，就有為了實現年度目標的執行計畫。

　　有了執行計畫，就有為了執行計畫要花的預算。有了執行計畫與預算，因為計畫做了，錢花了，就要有使命必達的決心實現目標。有使命必達的決心實現目標，經營成效就會彰顯出來。

　　本書主要分成兩大階段。第一階段是釐清經營決策層與管理階層的職責功能。

　　經營決策層，在小規模企業，意指中階以上主管。在大規模企業，意指高階以上主管，諸如協理、副總、總經理、執行長、長字輩（諸如營運長、管理長）、董事長，以及總經理室或董事長室特助。

　　管理階層，則意指中階以下主管，諸如經理、副理、課長、組長、主任。

　　經營決策層與管理階層之間，經營決策層偏重在規劃、整合、決定政策與制度、設定願景目標、強化領導，把企業帶到不一樣的境界。

　　管理階層則偏重在 PDCA（Plan→Do→Check→Act），承接目標、訂定計畫、帶動團隊執行、追蹤執行成效、管控執行進度、督導、輔導、教導、使命必達，藉此創造高績效。

　　經營決策層是擘畫一個美麗的願景目標讓全員認同。管理階層是帶著執行團隊把這個願景目標實現。兩者的銜接點是願景目標。因此，雙方要溝通良好，形成共識，管理階層要懂經營決策層的心，才能有效把願景目標實現。若是不懂，就會壞事。

當我們在第一階段釐清經營決策層與管理階層的職責功能是什麼，就不會該做的事情沒做，不該做的事情做一推，導致整個組織運作錯亂、重工、內耗。

接著因為很多事情的執行都要訴諸於會議研討，最後再由執行長拍板定案，因此第二階段就是說明會議管理的方法、工具、管控指標。其中，工具意指表單、理論套用、系統。經營績效要靠工具與方法來實現，才能事半功倍。

目錄

主管會議

 **經營管理的職責**

一　經營決策層的職責

A　規劃願景目標

1　設定公司的發展目標
2　擬定公司的年度經營總目標

　　願景目標是公司的最基本，意指公司的 5 年發展目標，或稱策略地圖。有 5 年發展目標，就可以拉出第一年作為年度經營總目標。

　　願景目標是由 CEO（執行長）來決定，CEO 要召集高階主管（副總、協理）及身邊的重要幕僚來集思廣益。高階主管要協助 CEO 設定願景目標。

　　以 2019 年為例，有 2020~2024 年的願景目標，2020 年的目標就是公司的年度目標。有年度目標，部級主管就要承接過

來變成部門目標。有部門目標,個員就要承接過來變成個人的工作目標。

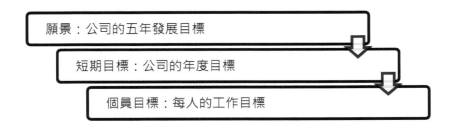

換言之,目標必須由下而上、由巨項拆解成細項,個員目標必須 Follow 部門目標而來,部門目標必須 Follow 年度目標而來,如此的目標建立才是正確。

B 制定經營政策與制度

1 建立公司的制度(規章辦法與 SOP)
2 建制公司的經營政策(商品 / 產銷 / 通路 / 人資)

願景目標規劃好之後就要制定經營政策與制度。有經營政策與制度,大家才不會各行其是,亂無章法。

　　這也可見，經營政策與制度的制定，CEO 責無旁貸。若是把它交給員工制定，公司就會陷入混亂。員工若有主張，可以提出建議，但是拍板定案者還是 CEO。員工若不服氣，我們就換人。畢竟我們底下還有一群人嗷嗷待哺，我們必須為他們的生計負責。

　　制度，意指章則彙編（規章辦法）與 SOP（標準作業流程；內控循環）。

　　政策，意指一家企業不輕易改變的原則、一家企業執行的準則。主要有商品政策、產銷政策、通路政策、人資政策。

　　商品政策，意指公司要賣什麼產業領域的商品。

　　產銷政策，意指公司要做製造業、買賣業、製造服務業或買賣服務業；公司商品要自製或外包、外購。

　　通路政策，意指公司要做直銷或經銷；公司要自己到海外設廠或找當地有通路的人變成我們的代理商、經銷商。

　　人資政策，意指公司要用什麼樣的人；這樣的人是來自挖角、撿現成或自己培育。

　　以公司要用什麼樣的人而言，精兵政策才能帶來業績成長倍增。精兵政策就意味著人力在精不在多，寧可給精兵多一點錢，也不要養一堆便宜的冗員。當我們願意多給，優質菁英就

會留下來。當我們捨不得給，捨不得投資培養優質團隊，優質菁英就會另擇良木而棲。

C 布達說明與形成共識

1 針對管理階層布達說明目標與政策
2 將總目標展開
3 形成企業文化與共識

經營政策與制度制定好之後就要向管理階層說清楚講明白公司的目標與政策是什麼，管理階層承接下來，才知道 CEO 的主張原則是什麼，自己的部門要達到什麼樣的境界，自己要如何向團隊布達說明，讓團隊也清楚明白公司的目標與政策是什麼。

很多公司就是上位者不對下位者說清楚講明白公司的目標與政策是什麼，讓下位者憑自己的想法去做，才會導致下位者做出來的結果不符合上位者的期望，上位者就破口大罵。這是不對的！上位者有責任對下位者說清楚講明白，讓下位者能夠形成共識做對事情。

　　當然，CEO 要說清楚講明白的公司總目標是什麼，不能只說一個總數，必須拆解出結構目標。總目標如何拆解？範例如下：

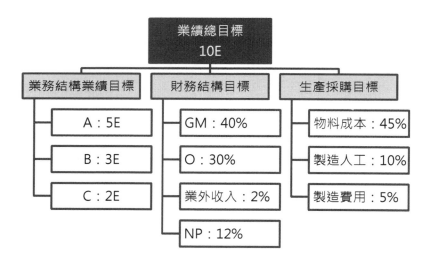

　　倘若公司業績總目標是 10 億元，設定給業務單位的目標就可以是 A 團隊要做 5 億元、B 團隊要做 3 億元、C 團隊要做 2 億元，或 A 產品要做 5 億元、B 產品要做 3 億元、C 產品要做 2 億元，或 A 區域要做 5 億元、B 區域要做 3 億元、C 區域要做 2 億元，或 A 通路要做 5 億元、B 通路要做 3 億元、C 通路要做 2 億元。

設定給財會單位的目標就可以是毛利率要控制在 40% 以上，費用率要控制在 30% 以下，營業外收入要控制在 2% 以上，淨利率要控制在 12% 以上。

設定給生產單位或採購單位的目標就可以是物料成本要控制在 45% 以下，製造人工要控制在 10% 以下，製造費用要控制在 5% 以下。料工費全部加起來是 60%，與毛利率的 40% 加總起來正是營收 100%。

設定給人資單位的目標就可以是公司業績要做到 10 億元需要用到多少人。

當我們有這麼說清楚講明白，管理階層認同後，就會形成共識與企業文化。

企業文化就體現在 CIS（Corporate Identity System；企業識別系統）上。CIS 可分成 VI、BI、MI、SI。製造、買賣、服務業要有 VI、BI、MI，零售流通業除此之外還要有 SI。

CIS				
VI	BI	MI		SI
視覺	行為	觀念	管理	店格

① VI（Visual Identity）是視覺共識，亦即公司要有標準色、標準字、標準 LOGO，應用在公司所有製作物、文宣、制服、廣告上。

② BI（Behavior Identity）是行為共識，亦即公司全員的言行舉止要一致，個別差異不能太大。

③ MI（Mind Identity / Management Identity）是觀念共識或管理共識，亦即公司全員要認同公司；公司要有制度，公司全員要遵循制度。

④ SI（Store Identity）是店格共識，亦即店頭的裝潢、陳列、布置要一致。

而我們要如何說清楚講明白？管道就是開會。開會不能隨便亂開。以 CEO 而言，一個月只主持 4 個會議：主管會議、行銷業務會議、產銷會議、研發商開會議。

開會時間可以固定，例如每週二上午。其中，第一週開主管會議，第二週開行銷業務會議，第三週開產銷會議，第四週開研發商開會議。如此把整個年度的開會時間都固定下來，與會者就無法找藉口缺席。與會者若因故不能出席，就派代表出席。

　　以與會者結構而言，主管會議是各部室主管都要參加。行銷業務會議是行銷業務部門人員要參加，研發商開部門主管可視議題參加，生產部門主管不必參加。

　　產銷會議是生產、採購、備貨部門幹部，以及主其事者要參加，乃至行銷業務等所有部門主管都要參加，算是規模最大的會議。

　　研發商開會議是研發商開部門人員要參加。行銷業務部門主管可視議題參加。若有議題涉及新品的探討，行銷業務部門主管就不能參加，以免有了期待心理，業績做不好就拿沒有新品當藉口。

　　以會議議程而言，主管會議是做各部門上個月績效與年度累積績效的檢討。行銷業務會議是做業績的檢討，以及公司行銷對策與行銷活動的研討與布達。產銷會議是做公司生產計畫與採購計畫（在買賣零售流通業稱辦貨計畫）的決定，以及品質問題（包括客訴）的檢討。

　　研發商開會議是做公司未來商品研發開發政策的決定、新品開發方向（包括進度檢討）與舊品改良重點（包括進度檢討）的探討，以及市場發展趨勢的分析與掌握。

　　除上述 4 個會議外，CEO 還要主持總月會。總月會的與會者是公司全員，做的是言之有物的精神講話、精神教育、政令

宣導，乃至辦慶生會，或要求每個部門輪流上台做過去一個月的心得報告分享，分享內容不限。時間可以安排在每月第一天或第二天。總月會不做部門主管的績效檢討。要檢討部門主管的績效就在主管會議上做。

若以部門主管觀之，除主管會議要參加，以及行銷業務會議、產銷會議、研發商開會議視需要參加外，要主持的會議只有自己部門的週會。

第一週週會（或稱月會）是做上個月績效的檢討。第二週週會是做第一週執行進度的檢討。第三週週會是做前兩週執行進度的檢討。第四週週會是做前三週執行進度的檢討。

開會時間以 3 小時為限。沒有議程就不能開會。因此，主管不會一天到晚都在開會。若有事情要談，就直接找當事人來談，不需要勞師動眾、勞民傷財地召集所有人來開會，讓不相關的人坐在那裡浪費時間。

D　整合資源與研討對策

1　整合公司相關資源發揮最大效益
2　運用經營會議集思廣益形成營運對策

　　經營決策層要整合公司資源與研討營運對策，方式就是開經營會議。經營會議要怎麼開？

　　就與會成員而言，大型企業是高階主管要參加，中小型企業若有高階主管，高階主管就要參加；若沒有高階主管，中階主管就要參加。微型企業是老闆主持，身邊的兩三個重要幕僚幹部要參加。

　　換言之，經營會議是一個群體組成一個經營決策小組來決定公司未來的經營方向，而不是一個人獨夫式決定公司未來的經營方向。

　　就議題而言，主要有：規劃公司願景目標、制定公司政策與制度、決定公司重大決策。

　　何謂公司重大決策？就是不屬於前兩者、但對公司影響甚鉅、攸關公司經營成敗的決策，諸如要不要做海外投資？要不要設廠？要不要調薪？要不要併購？要不要被併？

　　當我們有開經營會議，就可以整合公司相關資源，發揮最大效益，而不會大家都各自為政，分散資源。資源就意指人力資源、物力資源、財力資源、資訊力資源。經營會議若是沒有拿這四大資源來檢視，會議就是白開。

　　當我們有開經營會議，也可以集思廣益，找出最有效的營運對策。

　　因為經營會議是共同決策，因此要形成共識也更容易。而有共識，執行力就強。若是只是一個人在做決策，下面的人不認同，執行力就不強。

　　當我們有開經營會議，還可以將開經營會議的經營決策小組當作接班團隊來培養。

　　通常經營會議最少每個月開一次。為了尋求共識，初期可以每週開一次，目的是教經營決策小組如何當經營者。當他們上手，所有運作都到位，開會頻率就可以減少到每兩週開一次或每個月開一次。

E　績效檢討與改善提升

[1]　善用主管會議與季檢討檢視經營績效

[2]　透過表單即時掌握經營實情

[3]　運用經營會議與主管會議研討改善對策

　　績效檢討，意指損益檢討。改善提升，意指精益求精。經營決策層要做績效檢討與改善提升，方式是開經營會議與主管

會議。經營會議是決定公司經營事項。主管會議是決定部門績效事項。

　　相較於經營會議的與會成員是高階主管，主管會議的與會成員是各部室主管。員工數在 30 人以上的大型企業是中階以上主管要參加。員工數在 30 人以下的中小微型企業是基層以上主管要參加。

　　主管會議是每個月開一次，做的是各部門的經營績效檢討，二月的會議檢討一月的績效，三月的會議檢討二月的績效，四月的會議檢討一到三月的績效，即所謂的季檢討。以下依此類推。

　　經營績效檢討，要檢討的是現在的經營績效是如何？有沒有達標？沒有達標的話，對策是什麼？

　　這是當責的概念。要知道主管有沒有當責，就是檢視他的績效。但凡當責的主管都是勇於承擔責任，不會推諉塞責。但凡當責的主管都是管到位。何謂管到位？就是清楚知道截至昨日止，業績是如何？月達成率是如何？年度達成率是如何？與上年比較成長幾個百分點？

　　如何掌控績效進度？就是透過表單或工具。表單，意指紙本的表單或電子檔的表單。工具，意指手持裝置，諸如智慧型手機、平板電腦。

換言之，主管要會用一張表單來管控公司或部門績效，同時也要會用手持裝置來追蹤進度，即時掌握經營實情。當我們每分鐘都在掌控，我們就不會處於無知狀態，而可以一發現進度有落後、偏差，就立即以 E-Mail 或 LINE 等即時通訊軟體來提醒對方趕上、修正。

當然，績效檢討下來，都會有做得好與做不好的地方。對於做不好的地方，就要勇於面對。換言之，做不好沒關係，有改善意識與改善對策，就能愈做愈好。

二　管理階層的職責

A　設定團隊目標與計畫

1　負責設定部屬的目標
2　負責整建部門的經營計畫

當部門主管從 CEO 那裡把部門目標承接過來後，就要做結構性展開與組織性下展，訂定部門的經營計畫，設定部屬的目標。

何謂結構性展開與組織性下展？就是先從年計畫中拆解出月計畫，再從月計畫中拆解出日進度。

有這麼逐一拆解，就可以運用 Excel 製作出「計畫執行進度表」，格式如下：

項次	目標	執行計畫	執行時間												執行者	備註
			1	2	3	4	5	6	7	8	9	10	11	12		
1																
2																
3																
4																
5																

這張計畫執行進度表是主管專用。刪除「執行者」一欄就是部屬專用。「備註」一欄則可註明相關支援。

這張計畫執行進度表也是年度計畫專用。若要用在月份計畫，就是把「執行時間」由月（1、2、3……、11、12）改成

週（第一週、第二週、第三週、第四週、第五週）或日（1、2、
3……、28、29、30、31）。

　　而要做結構性展開與組織性下展，就是先從目標拆解出執
行計畫，例如從目標 A 拆解出執行計畫 A1、A2、A3，從目標
B 拆解出執行計畫 B1、B2，依此類推，示意如下：

項次	目標	執行計畫	執行時間												執行者	備註
			1	2	3	4	5	6	7	8	9	10	11	12		
1	A	A1															
2	A	A2															
3	A	A3															
4	B	B1															
5	B	B2															

　　主管的「執行計畫」就是部屬的「目標」，例如主管把執
行計畫 A1 交給部屬甲負責，A1 就從主管的「執行計畫」變成
部屬甲的「目標」。部屬甲承接過來後，就要訂定個人的工作
計畫 A11、A12、A13。同樣是用計畫執行進度表來訂定，示意
如下：

項次	目標	執行計畫	執行時間												備註
			1	2	3	4	5	6	7	8	9	10	11	12	
1	A1	A11													
2	A1	A12													
3	A1	A13													

可見，部屬甲要做的事情，若是往上溯源，都是為了目標 A 而做，沒有離開目標 A。

當我們有這麼結構性展開（目標 A→執行計畫 A1）與組織性下展（目標 A1→執行計畫 A11），大家做的事情都是互相關聯的，大家就不會各做各的。

B　督導與輔導執行過程

1　日常管理與異常輔導

2　掌握執行進度與品質

　　管理的定義就是督導與輔導，因此管理階層對於團隊個員的每日運作要做日常管理與異常輔導，不能自掃門前雪。

　　日常管理要做的是每日開朝會，每日看日報表，每日追蹤團隊個員的執行進度有沒有跟上，每日掌握團隊成員的執行品質有沒有變差。

　　其中，每日開朝會要怎麼開？因為它做的是收心操，為的是讓團隊集中精神，快速進入工作狀態，因此不需要開很久，只要開 5~10 分鐘就好。若是不開朝會，團隊到了公司就會邊吃早餐邊聊天，等到 9 點一到再入座。入座後，調好心態，進入狀況，已經 9 點半過後。

　　那麼 5~10 分鐘的朝會要開什麼？一是向團隊全員告知或宣導公司的重要政令與策略；二是對部門昨天好的表現予以肯定；三是對部門昨天不好的表現予以提醒；四是觀察團隊各員的臉部表情，把臉部表情不對的個員請到辦公室引爆，不讓他變成影響團隊工作情緒的定時炸彈。

　　再者，每日看日報表，日報表的格式如下。

　　製作工具也是 Excel。從本日小計、昨日累計、本月累計到年度目標、年度達成率，公式是：一＋二＝三；三÷四＝五；三＋六＝七；七÷八＝九。

PLUS 日報表

		A	B	C	D	合計
一	本日小計					
二	昨日累計					
三	本月累計					
四	本月目標					
五	本月達成率					
六	上月止累計					
七	年度累計					
八	年度目標					
九	年度達成率					
	本日工作重點	1. 2. 3.				
	明日工作重點	1. 2. 3.				
	反映建議事項					

　　本日小計、昨日累計、本月累計到年度目標、年度達成率填的都是數字。不易以數字描述的，才以條列式摘要描述於本日工作重點。除本日工作重點外，明日工作計畫也是以條列式摘要描述。反映建議事項，有就填，沒有就不必填。

日報表中，ABCD 填的是主管想知道的數據，諸如業務團隊的業績、客戶開發數、客戶成交數。示意如下：

	業績	客戶開發數	客戶成交數	…
本日小計				
昨日累計				
本月累計				
本月目標				
本月達成率				
上月止累計				
年度累計				
年度目標				
年度達成率				
本日工作重點	1. 2. 3.			
明日工作重點	1. 2. 3.			
反映建議事項				

當主管有每日看日報表，從日報表就能得知團隊中誰有在做事情，誰沒在做事情，而不必擾民。

這也可見，管理不必管太細，只要清楚知道團隊個員今天要做什麼事情，該做的事情現在做到什麼進度就好。若是發現進度有落後，有什麼事情沒做到，再視為異常。視為異常，就要做異常輔導。

異常輔導要做的不是兇悍地破口大罵，而是有心、用心地強勢要求。若是只會兇悍地破口大罵，罵人「白痴」，因為這個人是自己找進來的，罵他白痴就意味著自己更白痴，找了白痴的人進來。

而何謂強勢要求？就是執行者今天要做到的事情，就要使命必達地做到。若是沒做到，就不准下班。當然，執行者沒做到不代表他不努力，有時候是因為他不懂、或不熟、或無心犯錯，所以沒做到，因此我們要做要因分析，找出他為什麼沒做到的原因來關心他、協助他、導正他。

C　領導帶動與協調溝通

1　注意成員的投入度

2　協助成員排除瓶頸

　　管理≠領導。管理是對事與對物，領導是對人。管理所做的要求是針對執行者的工作，而不是針對執行者這個人。

　　我們要做領導，就要注意團隊個員在工作上的投入度是高或低。如何得知？開朝會就能見微知著。

　　通常會在朝會上遲到或睡眠惺忪的人就是投入度低，因為多半都在做夜貓子。而整個組織團隊只有研發團隊可以是夜貓子，因為研發團隊一投入工作就停不下來。業務、行政、生產團隊都不能是夜貓子。

　　我們要做領導，若是發現團隊個員的執行進度落後是因為跨部室協調遇到障礙，我們就要出面協助他排除障礙，而不是失職地對他說：「你們就去談呀！」

D　過程管理與提升訓練

1　進行日、週的過程管控
2　落實 OST、OJT 的強化訓練

　　過程管理，意指績效檢討是看結果，但是要成就好的績效就不是看結果，而是看過程。

過程管理要做的就是每天看日報表，管控日重點；每週開週會，管控週進度。

提升訓練，要做的是 OST（On Site Training；在位訓練）與 OJT（On Job Training；在職訓練）。OST 是每天 10~15 分鐘，由主管教團隊如何排除與解決工作崗位上遇到的各種障礙與問題。OJT 是每週 1~3 小時，由主管教團隊如何提升專業知能與技能。因為每個行業都有它的專業，因此這個訓練無法假手外人，必須主管自己來。

E 細節要求與績效檢討

1 注意執行的關鍵細節時效
2 定期檢討績效結合 KPI 的成果

細節要求的關鍵在時效，亦即事情要在約定時間內做出該有的效益，而不是我有做，卻沒有準點、準確。畢竟目標是我們給團隊的，計畫是團隊寫給我們，我們看過同意的，因此我們要清楚知道團隊在這個階段應該做什麼事情，這個事情應該做到什麼進度，不能讓他失控。

而有目標與計畫，我們就可以依此為團隊設定 KPI 值，要求團隊承接責任，落實執行，把 KPI 值做出來。團隊落實執行期間，我們還要每個月定期做績效檢討，拿他們的執行成果比對他們的 KPI 值，檢視他們的達成率有沒有 100%。沒有 100% 就要有改善對策。

三　經營管理的重點

1　目標設定

2　執行規劃

3　溝通協調

4　領導統御

5　督導要求

6　輔導訓練

7　管控時效

8　整合資源

9　改善精進

10　創造價值

　　經營決策層與管理階層的共同職責是：先設定目標。有了目標，就要規劃執行計畫與做事情的準則，或稱制度。有了目標與計畫，就要作溝通協調來達成共識。

　　溝通，意指主從之間的縱向互動。協調，可分成內部與外部。內部協調，意指公司跨部門之間的橫向互動。外部協調，意指公司與廠商之間的橫向互動。

　　達成共識後，就要作領導統御、督導要求、輔導訓練、管控時效、整合資源。

　　領導統御，關鍵在凝聚團隊，帶人要帶心，亦即要注意團隊個員的工作士氣與工作情緒。方式可以是定期面談，定期布達，管道可以是開朝會、週會、月會。

　　督導要求，意指團隊沒有做出績效，就要要求，而不是當鄉愿、當濫好人。當濫好人，一定被團隊瞧不起。

　　如何知道有沒有被團隊瞧不起？當團隊要聚餐，沒有邀請我們，就意味著我們被團隊排擠、瞧不起。因為團隊要藉由聚餐的場合在我們的背後談論我們的是非。若是沒有這回事，團隊要聚餐，就會邀請我們。我們有沒有空則不在他們的考量範圍。他們只要提出邀請就好，我們可以沒空應邀。

　　輔導訓練，意指團隊做得不夠好，就要教他們怎麼做得更好，而不是只會罵他們白痴。

　　管控時效，意指團隊做的事情要如期完成、不延宕，就要每週追蹤管控他們的執行進度。

　　整合資源，意指團隊做的事情要發揮綜效，就要把公司內外部資源整合起來。

　　這也意味著主管不能是專才，過度專業，過度專業就會過度偏頗或過度保守。主管必須是全才，雖然沒有樣樣專精，但是組織八大功能（行人生財研總資管）都懂，如此才知道有什麼資源可以整合起來，創造效益。

　　因為沒有人是完美的，因此團隊執行下來沒有 100 分沒關係，重要的是願不願意改善精進。改善精進就是精益求精，亦即即便現在已經做得很好，也不以現狀為滿足，而是會不斷找方法讓它做得更好。願意改善精進者，進步就會很快，也能創造價值。

經營管理的內容

A　經營管理的方法

1　制度的建構與執行

2　權責的規劃與信守

3　KPI 的設定與重視

4　會議管理的信守與執行（會議管理的表單）

5　主管會議

　　第 1 點意指任何公司都有制度，不會沒有，沒有就意味著它放在老闆的腦袋中，老闆說了算。我們應該養成習慣把它書面化整理出來。如何整理？按組織八大功能（行人生財研總資管）整理。整理完後，再檢視缺了什麼，將之補足，使之符合時宜。

　　第 2 點意指集權經營已經不合時宜。公司不能什麼事情都是老闆說了算，連一塊錢的費用支出都要老闆簽字才能放行。

若是如此，老闆就沒有時間靜下心來思考規劃公司的未來，組織團隊也會成長到某個階段就卡住。再說，老闆薪資若有 20 萬元，一分鐘就價值 19 元，我們拿一分鐘 19 元的價值來簽 1 元的費用支出，值得嗎？

應該授權，建立權責表。有授權，建立權責表，大家就會分層負責，老闆要管理整個公司就輕鬆，要培養接班團隊也容易。

當然，授權≠放任，我們不必害怕公司會被胡作非為而不敢授權。因為目標是我們設定的，計畫是我們看過同意的，預算是經過我們審核的，當部門主管要請款，就要先經財會單位審查，財會單位審查它是有編列預算的就撥款，沒有編列預算的就退件。

當我們在權責表上這麼規劃清楚，落實執行後，公司全員信守，我們管理到位，一切都在掌控中，就不怕公司失控。而何謂權責表？範例如下頁。

權責表範例中，註一，意指一個部門不能同時有副理與經理存在。很多公司都是副理代經理職位。一個部門若有副理又有經理，就代表這個部門很龐大，應該按管理跨距，分出課級單位來。

| PLUS | 權責表範例 |

類別	事項	董事長	總經理	處級主管	部級主管	課級主管
計	部門年度業績目標		核定	審	擬	
	部門年度工作計畫		核定	審	擬	
	部門年度預算		核定	審	擬	
畫						
制	組織系統	核定	擬			
	各項制度規章辦法		核定	審	擬	
度						
行	產品定價		核定	審	擬	
	產品線組合		核定	審	擬	
	市場選擇		核定	審	擬	
	客戶選擇				核定/審	擬
	國內外‧其他促銷活動		核定	審	擬	
銷	媒體廣告‧計畫		核定	審	擬	
生	生產排程				核定/審	擬
	呆滯料處理		核定	審	審	擬
	廢料處理			核定	審	擬
	協力廠評估選擇			核定	審	擬
	特採核定(製造部)				核定/審	擬
產	生產設備維修(工程部)				核定/審	擬

註一：部級單位最高主管為副理時，副理比照經理權責。

註二：課級單位最高主管為副課長時，副課長比照課長權責。

再者，董事長≠總經理。兩者的差別在於總經理是勞方的最高主管，董事長是資方代表。股份有限公司的體制才有董事長，有限公司的體制沒有董事長。董事長是來自股東推選出董事，形成董事會，董事會再推選出董事長。因此，名片頭銜若有董事長兼總經理，就是認知錯誤。

必須讓出一個職位。通常是讓出董事長的職位。因為董事長是虛位，總經理才有實權。再者，董事長要負「出了事就要被抓去關」的責任，總經理是負公司經營的成敗責任，也因此計畫是由總經理核定，目標才是董事長核定。

另外，範例也可見，公司不是什麼事情都要董事長核定，也不是什麼事情都要總經理核定，有的事情只要處級主管或部級主管核定即可。

例如固定費用（諸如水電費、郵電費）支出，就不需要老闆簽核，只要財會單位簽章，乃至直接從銀行帳戶扣繳即可。因為公司的水電並不會因為我們不付錢就不斷水斷電，因此我們要做的只有查核錢花得合不合理，不合理就要求總務單位檢討原因，提出改善對策，而不是查核錢花得對不對，不對就退件。

第 3 點意指 KPI（Key Performance Indicator；關鍵績效指標）來自目標與計畫，目標與計畫是全公司從上到下每個人都

要有。設定上必須量化成金額、數量、百分比,並且效益要與金額掛勾,不能只有純文字敘述。

其中,百分比不會是 100%,100% 是達成率。例如採購單位的 KPI 是採購價格要比市場行情價格低 3%,這個 3% 就是百分比,執行到位才有 100% 達成率。

若是設定上無法量化,就退而求其次,時間化成日期或天數。例如專案 A 要在 5 月 5 日前完成,專案 B 要在 30 天內完成。通常都是行政幕僚單位的 KPI 需要時間化,這也意味著它的達成率只有 2 個結果:沒有如期完成就是零,有如期完成就是 100%。

第 4 點意指開會的目的是釐清所有事情,而不是把事情弄得更加混淆不清。

因此,有效的會議運作模式都是會而有議(議程),議而有決(決議),決而有行(執行待辦追蹤),行而有效(把績效追蹤出來),而不是會而不議,議而不決,決而不行,行而無效。如何召開有效的會議?就是明確:

① 會議種類

② 會議時間

③ 與會成員

④ 會議議程

⑤　報告格式

⑥　時間分配

⑦　會議管控

⑧　會議結論

⑨　會議記錄

⑩　待辦追蹤

　　會議種類，意指要訂定公司組織團隊需要開多少種類的會議。例如 CEO 只要主持主管會議、行銷業務會議、產銷會議及研發商開會議。

　　會議時間，要在 3 小時內結束，不能開馬拉松會議。開馬拉松會議就會導致會議有開始，沒有結束，浪費時間。即便是季檢討的會議，也要控制在 3 小時內結束，只是分成上午 9~12 點與下午 1~4 點兩個時段進行。

　　再者，會議時間也要固定，例如主管會議固定在每月第一週上午時段，如此與會者就沒有藉口（例如客戶臨時有約）缺席。

　　會議議程，意指沒有議程就不要開會。

　　報告格式，意指所有部門的報告格式都要一致，如此才不會雜亂無序，要花很多時間整理。

時間分配，意指每個議題要談多久，時間要分配好，如此才不會雜亂無序，變成馬拉松會議。

會議管控，意指每個議題的進度、發言時間要管控好。主席不僅要引導發言，也要制止發言。

因為有的人一發言就會講到渾然忘我，連聽者已經聽到昏昏欲睡也不自知。主席可以規定一個報告不准超過 10 分鐘。若有人報告超過 10 分鐘，主席就要提醒他：「現在打住，我再給你 2 分鐘作總結。」

再者，會議管控，也意指發言者在報告，聽者不能因為報告內容與自己無關就不在意地與旁人竊竊私語起來，必須專心聆聽，以示尊重。若是不能專心聆聽，時常竊竊私語，主席就要把他趕出去。

會議結論，意指主席要整合眾人討論發表的意見，作出結論。結論出來，就要有決議。決議出來，就要有記錄。決議出來，若要有人來執行，就要掛待辦。

會議記錄，意指主席在作結論時，做記錄的人就要當場記錄。會開完，記錄就當場做完，交給主席。主席若是沒有作結論，做記錄的人就要提醒主席。主席作的結論，做記錄的人若是聽不懂或聽不清楚，就要請主席再講一次。

　　至於會議過程中有什麼討論或爭論，就不需要記錄。因為記錄下來只會勞民傷財，增加彼此的怨恨。只有決議內容才需要記錄，討論過程不需要記錄。

　　會議記錄的架構主要有：議程，決議內容，待辦事項。格式如下：

會議名稱			
時間		地點	
主席		記錄人	
出席人			

會議議程	決議內容		待辦事項
A‧上次會議待辦事項 B‧本次議題 1‧布達事項 2‧報告事項 3‧討論事項 4‧臨時動議			
出席人簽名			

① 時間：要載明「年、月、日、時」。

② 主席：有的公司填的是「召集人」。

③ 議程：有兩大架構：上次會議待辦事項執行報告與本次議題。本次議題中，報告事項的內容視會議屬性而定，要載明報告人是誰，作什麼報告。

討論事項的數目視報告事項而定。報告事項多，討論事項就少。通常是 1~2 個，不宜超過 4 個。因為超過 4 個，會就開不完。

有討論事項，也意味著經營決策層開會不能只聽報告，還要作決策，討論事項就是用來作決策的。經營決策層若不作決策，管理階層就會沒有依循，自行其是，導致公司內耗嚴重。

臨時動議，不是想到什麼就發言，發言的內容必須與主題相關，只是會中沒有討論到。

④ 決議：要載明 WHAT。

⑤ 待辦：當決議事項有待辦，就要載明 WHEN（日期；何時完成）與 WHO（人員；由誰來做）。沒有就空白。

發送會議通知也是使用會議記錄的表單，只是沒有決議內容與待辦事項。屆時出席人若有缺席，只要在會議記錄上刪除即可。

當會開完，會議記錄做完，做記錄的人就要把剛剛記錄整理的結論（決議事項，待辦事項）逐一複誦一次。複誦完，主席就要問所有與會者：「剛剛的結論清楚了沒？有沒有什麼問題？有沒有什麼異議？」若是大家回：「沒有。」這份記錄就可以當場以 E-Mail 的方式發出去。

這也可見，會議記錄不是等到下次開會才拿到，而是會議結束就拿到。再者，會議記錄當場發出去，做記錄的人隔日就要開始追蹤待辦事項的執行狀況，如此才不會 3 年前的待辦事項 3 年後還在待辦。

若以主管會議觀之，主席就是 CEO。公司若有董事長，董事長就坐在一旁，由總經理主持。與會成員是各部室主管。議程重點如下：

① 每月第一週

② 檢討上月績效（績效考核表）

③ 布達公司制度與政策

④ 解說公司相關策略

⑤ 公司總體管理問題研討

⑥ 跨部室管理問題協調

　　第 1 點意指主管會議要有固定時間，可以安排在每月第一週。以外銷產業而言，可以安排在週一上午。因為這個時間歐美國家還沒有上班，團隊不會被干擾。以零售流通業而言，可以安排在週三下午。因為這個時間是營業離峰時間，團隊不會被干擾。

　　這也可見，開會不能隨己意說開就開，必須考量到產業特性，以及與會者時間上方不方便參加。

　　第 2 點意指主管會議的召開目的就是為了檢討各部門上個月的績效。如何檢討？用的是績效考核表，格式如下：

項目	目標	執行計畫	實際進度 (採累計)				合計	KPI	達成率	權重	得分	差異原因	對策與說明
主要目標 75%													
行政目標 15%													
學習目標 10%													
總計									100%				

主要目標最多不超過 5 項。以業務團隊為例，業績的配分權重通常是在 35%。

行政目標最多不超過 3 項。內容包括出勤結果、報表繳交及主管交辦。每項配分權重是 5%。

學習目標最多不超過 2 項。內容包括學習成效（例如心得報告繳交）及對本職工作提出改善建議提案。每項配分權重是 5%。

實際進度，以月份績效考核表而言，放的是 1、2、3、4、……28、29、30、31 日或第一週、第二週、第三週、第四週、第五週；以年度績效考核表而言，放的是 1、2、3、……10、11、12 月。

實際進度的合計÷KPI＝達成率；達成率×權重＝得分。倘若實際進度的合計是 8，KPI 是 10，權重是 20%，達成率就是 80%，得分就是 16%。達成率沒有 100%，就要做差異分析，提出改善對策。

第 3 點意指主管會議要布達公司的制度與政策，讓部門主管回到單位開週會時，承上啟下，把這個制度或政策向團隊說清楚講明白。這是要訓練部門主管的溝通能力。

換言之，對於公司制度與政策的建制，經營會議做的是決定，主管會議做的是溝通，亦即 CEO 可以在主管會議上問所有

與會者對於這個制度或政策有沒有疑問，若是大家回覆沒有疑問，CEO 就可以拍板定案。

第 4 點意指公司的相關策略，諸如商品銷售策略、促銷策略，有的主管未必清楚，因此主管會議要作解說。通常績效一檢討，就知道哪個主管不清楚公司的相關策略。

而相較於政策意指不輕易改變的原則，策略則意指隨著外在環境變化的應變對策，因此政策不能朝令夕改，策略可以朝令夕改。若是外在環境改變了，海嘯已到家門口，我們還在死守現有，不提出應變對策，就會被海嘯淹沒。

第 5 點意指公司「一體適用」的制度有沒有不合時宜的地方需要修正。但凡有不合時宜的制度都要修正，否則以薪資制度為例，當我們起薪沒有跟上市場行情，優於市場行情，我們就吸引不到優質人力。

第 6 點意指每個部門都有為了自己的形象、利益、私心而與其他部門對立的本位主義，本位主義常會導致跨部室協作的專案運作卡住，因此主管會議要把這個真相挖出來讓 CEO 協調或仲裁。CEO 若不協調或仲裁，整個組織運作就會出問題。而如何協調？技巧是「Yes, But…」。例如我了解你的困境，但是我還是要完成我們的任務，所以……。

B 經營管理的工具

1 表單的導用

2 系統的導入

3   EIP 平台的應用

4 網路與手持裝置

第 1 點意指公司會有很多表單，老闆與主管要會彙總。老闆是從彙總表單檢視全公司的總業績，業務主管是從彙總表單檢視團隊各員的業績。

彙總表單的格式如下頁。橫向的 ABCD 填的是老闆與主管想知道的數據。

老闆可以放部門 ABCD。業務主管可以放產品 ABCD、區域 ABCD、業務人員 ABCD，生產主管可以放生產線 ABCD，品保主管可以放 IQC（進料品管）、IPQC（線上品管）、FQC（成品品管），人資主管可以放請假人數、遲到人數、新進人數、離職人數，財會主管可以放費用總數、毛利總數、成本總數、銀行餘額。

PLUS 彙總表單	A	B	C	D	合計
本日小計					
昨日累計					
本月累計					
本月目標					
本月達成率					
上月止累計					
年度累計					
年度目標					
年度達成率					
上年同期					
成長率					

　　第 2 點意指老闆與主管要會使用系統作管理，使用系統檢視數據與績效，不要只會仰賴秘書。使用系統，管理才能事半功倍。仰賴秘書，仰賴人工加工，就容易出錯。

　　無論組織規模大小，無論產業行業屬性，我們都要導入的系統是 ERP（Enterprise Resource Planning）。ERP 是系統的統稱，有 36 個模組，30 人以下的微小型企業只要花數十萬元導入 CRM（Customer Relationship Management）、進銷存與會計總帳 3 支模組即可。

　　隨著組織成長擴大，再依需求導入其他模組。當組織成長擴大至 300 人以上，再 36 個模組都導入。

　　因為市售系統都是可用而非合用，因此我們購置系統不要為了合用而花大錢量身訂做，只要請廠商依我們需要系統產出什麼數據另外寫程式外掛即可。

　　購置系統後，我們還要強勢要求使用者改變自己的作業習慣來遷就系統。若要系統來遷就我們的作業習慣，我們就得不到使用系統可以減少管理動作的好處。

　　第 3 點意指老闆與主管要會使用 EIP 作雲端管理，不要只會依賴紙本管理。

　　EIP（Enterprise Information Portal）是資訊管理平台，只要是我們想知道或想讓人知道的資訊，諸如公司的制度、規章辦法、SOP、KM（Knowledge Management）、公告、行事曆、會議記錄、營運相關的統計分析報表，都可以放在 EIP 上，設定查閱權限，供公司全員或個員查閱。

　　有 EIP，我們就不必擔心知識傳承因人員異動而中斷。有 EIP，我們也不必擔心工廠、分公司分散在世界各地會失控。有 EIP，我們更不必擔心以訛傳訛。

　　以訛傳訛，只發生在口耳相傳。當大家都上 EIP 查閱，不需要口耳相傳，資訊就同步獲知，不會被人誤導。再者，不管

我們的人在哪裡，只要可以連線上 EIP，也可以遠距管控，從雲端解析數據，追蹤進度，解決組織團隊在經營管理上遇到的問題，不需要 Face to Face。

當然，要作雲端管理、遠距管控，就要會用手持裝置（智慧型手機、平板電腦）上網登入系統來遙控。若是還在依賴紙本或桌上型電腦，就無法決勝於千里之外。

經營管理的績效管控要點

A　各部室績效檢討

1　各部室 KPI 成效檢討
2　各部室相關人員績效評估

　　經營管理的目的是為了創造績效，因此比起每天緊盯團隊有沒有在做事情，督促團隊把績效做出來才是王道。

　　如何督促團隊把績效做出來？就是公司從上到下所有人都要做績效檢討。CEO 要對各部室主管做績效檢討，各部室主管要對團隊各員做績效檢討。不能以和為貴。以和為貴就沒有績效。

　　其中，CEO 要對各部室主管做績效檢討，要關起門來，在主管會議中做，以示尊重，不能在全體員工面前。只有要表揚主管，才能在全體員工面前。

績效檢討，要檢討的是 KPI。KPI 怎麼來？從目標的設定而來。KPI 怎麼設定？只有量化與時間化，不能全部都是文字敘述。

有做績效檢討，計算、發放獎金就簡單。年終獎金就可以在新曆年 1 月 5 日發放，不需要拖到除夕才發放。拖到除夕才發放是不近人情的，因為如此員工就沒時間辦年貨。既然要給獎金，就給得漂亮一點。

不必擔心早給會讓人早離開。績效分數就會讓我們心裡有數。績效分數一出來，不及格者拿不到獎金就會萌生去意。不管我們早給或晚給，他都會離開。

績效分數來自績效評估。績效評估分成月、季、年。月績效累計起來就是季績效，季績效累計起來就是年績效。團隊個員的月績效不好，主管就要提醒、要求改進。到了季績效，就有端午獎金與中秋獎金的發放。到了年績效，就有年終獎金的發放。

及格線可以設置在 70%。如此，當獎金發放的基數是 3 萬元，績效分數 90% 以上者就是 3 萬元全拿；績效分數 80% 者就是拿 3 萬元×80%＝2.4 萬元；績效分數 70% 者就是拿 3 萬元×70%＝2.1 萬；績效分數 69% 以下者就是獎金歸零，沒有獎金可拿。

這樣的公式，大家都會算。它是一翻兩瞪眼的作法，不會落於主管考評部屬的主觀偏見。大家為了讓自己的績效分數很高，就會自動自發地努力。

B　經管制度執行效益

1　相關經管制度的適性檢討
2　相關經管制度的授權管理效益檢討

適性，意指可行性。相關經管制度的適性檢討，則意指公司的規章辦法、SOP、系統導入是不是適用。因為別人適用，不代表我們也適用。正如製造業適用的規章辦法，對零售流通業就不適用。製造業可以 8 點上班，週六日休息，零售流通業就不行。

而公司的規章辦法、SOP、系統導入不適用，過時了，就要修正。這是經營決策層的責任。經營決策層要檢討制度的可行性、合理性，不能等到底下的人怨聲載道才亡羊補牢，這樣對公司的形象就不好。

相關經管制度的授權管理效益檢討，則意指權責表規劃與落實後，我們就可以觀察出哪個主管有忠於目標計畫預算，哪個主管沒有；哪個主管是當責，有做出績效，哪個主管只是負責，等因奉此，乃至胡作非為。

C　重視資源效益

1　人力資源
2　物力資源
3　財力資源

人力資源檢視點	人效
	缺勤率
	離職率

人效，意指每人平均貢獻金額，可分全員人效、業務人效及生產人效。公式如下：

全員人效＝月平均營收÷全員人數

業務人效＝月平均營收÷業務人數

生產人效＝月平均營收÷生產人數

公式中，業務人數包括業管（業助）與客服。生產人數包括直接人數與間接人數。買賣零售流通服務業只要求出全員人效與業務人效。製造業除全員人效與業務人效外，還要求出生產人效。將全員人數扣除業務人數與生產人數，就是行政人數與技術人數。

人效決定了我們公司到底有沒有獲利。如何知道？以全員人效為例，就是：全員人效×毛利率＝個員平均毛利金額，個員平均毛利金額－個員平均費用金額＝個員平均淨利金額，如此就知道公司有沒有賺錢。

有人效的認知，我們用人就不會過度浮濫。有人效的認知，我們用人就知道人員的增加必須與業績、淨利成正相關，不能隨便增加。

因此，若有主管反映人不夠用，要加人，我們（CEO）就可以告訴他：「給你 1 個人不夠啦！我給你 100 個！」聰明的主管就會馬上警覺到，加 1 個人就要做出 1 個人效的貢獻，加 100 個人就要做出 100 個人效的貢獻，於是知難而退，不輕易加人。

缺勤率，以公司的缺勤率而言，公式如下：

缺勤率＝缺勤人次÷工作天數÷總人數

公式中，缺勤，意指請假、遲到、早退。請假，意指請病假、事假、生理假，及未按公司規定請特休假，不包括請婚、喪、產假。其中，生理假可依人性的角度考量是否列入請假的範圍。

缺勤率的標準值在 5% 以下。當缺勤率高於 5%，就意味著公司不穩定，即將出問題。當然，除公司外，缺勤率也可算到個人的缺勤率或部門的缺勤率。同樣，缺勤率高於 5%，就意味著這個人或這個部門不穩定，即將出問題。

以個人的缺勤率而言，通常想要離職的人在離職前 2 個月的缺勤率都會異常，亦即想要離職的人已經以實際行動告訴我們，他不喜歡這個公司、部門，他不想做了，因此我們不能無視這個警訊。

離職率，以公司的離職率而言，公式如下：

離職率＝離職人數÷總人數

可以求出月的離職率或年的離職率。未滿 3 個月離職者不列入計算，因為彼此還在適應期。當離職率高於 15%，就意味著公司不穩定，即將出問題。當然，它也意味著公司有人離職不是不好，只要是合理值範圍內的去蕪存菁，對公司都是有利無弊。

物力資源檢視點	存貨率
	存貨周轉率
	命中率
	銷售排行榜

存貨率，公式如下：

$$存貨率＝存貨總額÷月平均銷貨額$$

存貨率不能大於 1，大於 1 就意味著存貨過多，公司的變現能力不好。合理值是 0.8~1.2。我們不能變成只賺到庫存的錢或只賺到應收帳款的錢，導致資金周轉不靈，黑字倒閉。貨應該要賣掉，錢應該要收回來。

存貨周轉率，又稱存貨周轉次數，公式如下：

存貨周轉率＝年銷貨總額÷存貨總額

存貨周轉率一年有 8 個周轉就算不錯，但是有 10~12 個周轉、乃至 15 個周轉以上更好。存貨周轉次數若是太少，就意味著存貨過多，呆滯庫存沒有去化。

命中率，公式如下：

命中率＝暢銷品項÷已上市總品項

命中，意指暢銷，台語稱「對組」，亦即商品不是有賣出去就是命中，必須是有在一個年度或一個季度內賣出規定的數量或金額才是命中。

這個規定的數量或金額，視產業行業的不同而異。例如規定要賣 1000 PCS 才是命中，結果已上市總品項有 100，其中有 50 賣到 1000 PCS，命中率就是 50%。

這個規定的數量或金額，可以 BEP（Break Even Point；損益平衡點）的角度觀之。例如研發費用花了 2000 萬元，我們

就要賺 2000 萬元才能損益兩平。它的毛利率若是 50%,我們就要賺到 4000 萬元才能損益兩平。

銷售排行榜,方式是拉出最近 3 年的銷售數據,依商品別、區域別、客戶別、通路別整理出金額排行榜、數量排行榜、毛利貢獻排行榜。之後再取商品別與區域別、商品別與客戶別或商品別與通路別做交叉分析。

如此,哪個商品在哪個區域、客戶、通路賣得最好,誰是我們的目標客群,我們就更清楚。之後,要我們業務開發這類屬性的客群,我們的商品命中率就高。

財力資源檢視點	成長率
	毛利率 / 金額
	費用率 / 金額
	淨利率 / 金額
	營業外收支
	資本投資報酬率

成長率,方式是與上年同期做比較。要每天檢視,才會有感。以業績成長率與淨利成長率而言,要維持在 20% 以上,若在 10% 以下,就要面壁思過。

毛利率／金額，因為企業經營是看賺多少錢，而不是看賺多少百分比，因此毛利率與毛利金額之間，我們要重視毛利金額勝於毛利率。毛利金額是作為安全考量用，毛利率是作為分析檢討用。

若是我們堅持毛利率一定要在多少百分比，否則不賣，下場就會是訂單流失，庫存一堆，然後陷在如何把庫存清空的泥沼裡無法脫身。

其實只要試想一下，堅持毛利率要賺 30%，只能賣出 10K，賺 3000 元，若是把毛利率降到 5%，可以賣到 1000K，賺 5 萬元，那麼我們要不要出手？

另外，業務團隊衝業績，也是要賺毛利金額，因此業績不要隨便亂衝，要衝就要衝高毛利的業績。

費用率／金額，管控重點在合理節流，不要因噎廢食，亦即錢要花在刀口上，該花的錢就要花，花了錢就要把該有的效益創造出來。正如參展寧可花 100 萬元買個顯眼的位置做大攤位被大家看到，也不要花 20 萬元買個角落的位置做小攤位乏人問津。

淨利率／金額，管控重點在淨利金額。淨利率是用來檢視EPS（Earnings Per Share）。若以損益表的公式觀之，毛利扣除

費用就是淨利，因此我們要有基本的損益認知，把毛利與費用管控好，淨利就會很好。

營業外收支，是財會單位的基本職責。財會單位要幫公司理財，幫公司創造營業外收入。要創造營業外收入，銀行融資是必要。即便我們現在不缺錢，也要與銀行往來，建立信用額度，如此，當我們有一天要擴大事業，需要向銀行借錢，銀行撥款才會快。

資本投資報酬率，公式如下：

$$資本投資報酬率＝稅後淨利÷資本額（股東權益）$$

標準值在 10% 以上。低標是 6% 以上，這是參照股票上市的規定。

D　目標達成率的對策

1　行銷業務對策
2　生產採購對策
3　國際布局對策

4　人力資源對策

5　財務規劃對策

經營績效要好，如何達標的執行對策是關鍵。要有行銷業務對策，是因為它關係到市場、業績。

要有生產採購對策，是因為它關係到產銷運作順不順，品質穩不穩。要有國際布局對策，是因為要把觸角伸向國際，而不是守在台灣。

要有人力資源對策，是因為要提升人員素質。要有財務規劃對策，是因為要做國際財管操作，要運用銀行的錢幫公司賺錢，而不是辛苦地靠業績賺錢。

E　提升總體整合效益

1　產銷物流對策

2　商品開發對策

3　人力優化對策

4　國際財管對策

產銷物流對策，關鍵在交期快速，品質穩定，少量就可以出貨。

商品開發對策，關鍵在新品推出速度快，命中率高。命中率要高，就要做市場情資收集與分析。速度要快，就是當我們自主研發的速度太慢，就要進行產學合作。若是想要慢工出細活，結果一定錯失良機。

人力優化對策，關鍵在訓練。訓練的錢要花在值得花的人身上。但凡排斥訓練、拒絕訓練、討厭訓練者，都可以在找到備胎後淘汰。

國際財管對策，關鍵在如何進行三角貿易，如何設立境外公司，如何開立海外帳戶（OBU），如何以此進行買賣交易與資金往來的操作，把賺到的錢保留在境外公司的海外帳戶，達到創利又節稅的效果。

行銷會議

經營管理的職責

A　制定公司行銷策略

1　確認市場

2　確認通路

3　確認產品線

　　經營決策層的職責就是制定公司的行銷政策。經營決策層制定公司的行銷政策前，要有市場調查（Market Research）與STP（Segmenting→Targeting→Positioning）作依據，亦即完整的行銷流程如下：

R ⇒ S ⇒ T ⇒ P ⇒ 政策 ⇒ PM ⇒ 策略 ⇒ SP

　　我們要先做市場調查的大數據分析來認識市場，再做市場區隔來找出我們的目標市場，最後從目標市場來確定我們的市

場定位，如此，公司的行銷政策才可以成形。公司的行銷政策主要有四：

① 產品政策：公司的主力產品、附屬產品各為何？

② 通路政策：公司產品要做直銷或經銷、實體或虛擬？連鎖產業要做直營或加盟？

③ 價格政策：公司產品的定價要賣多少？

④ 產銷政策：公司產品要自製或外包、外購貼牌？

公司的行銷政策成形後，針對其中的產品政策，就要做產品規劃，稱 PM（Product Marketing）。PM 的特性就是快速讓目標市場滿足，讓業務團隊好賣。目標市場要什麼，就第一時間準備好給它。

有了 PM，就要有行銷策略。行銷策略包括擴大策略、專注策略、聯盟策略、廣宣策略。

① 擴大策略：我要如何運用同心圓模式擴大市占率？

② 專注策略：我要專注哪個藍海市場，目標客群是誰？

③ 聯盟策略：我要如何借力使力，擁有更大的市場？

④ 廣宣策略：我要如何結合網路、科技，推廣產品？

有了行銷策略，就可以做 SP（Sales Promotion）規劃，思考要以什麼方式來提升公司的指名度與好感度，以及要以什麼方式來協助業務團隊增加業績。

換言之，當經營決策層制定好公司的行銷政策，管理階層就要承接目標，制定如何達標、超標的行銷策略。

這也可見，經營決策層不能放任管理階層各行其是。若是放任管理階層各行其是，5、6 個人就會有 5、6 個模式，5、6 個部門就會有 5、6 個山頭，導致公司內耗嚴重。經營決策層必須把政策制定清楚，做好整合，如此，管理階層制定策略才不會散亂無章。

B 研商行銷專案

1 承接願景的行銷攻略計畫
2 展出結構的執行專案
3 建構執行團隊

經營決策層設定的總目標，裡面會有行銷目標。行銷目標包括要扛多少業績、要辦多少展會活動。

　　當行銷目標設定清楚，如何實現目標，就會有很多專案要做。很多專案的彙總就是計畫。

　　亦即，行銷主管承接了經營決策層給的行銷目標，就要訂定可以超標的執行計畫。訂定可以超標的執行計畫時，要做結構拆解，拆解出產品別、區域別、通路別的結構目標，再根據產品別、區域別、通路別的結構目標來訂定執行專案，如此可行性才高。

　　有了執行專案，還要建構執行團隊，把執行團隊與公司資源整合起來，同時掌控執行團隊的執行品質與執行效益，如此才能有效創造行銷價值。

C　確認專案進度成效

1. 建立甘特圖
2. 階段性追蹤
3. 重視專案執行效益

　　有了行銷專案，落實執行後，行銷主管就要確認專案進度成效。如何確認？

　　首先要建立甘特圖（Gantt chart）。甘特圖就是計畫執行進度表。計畫執行進度表的格式如下。如何使用？詳見第一章第 27 頁。

項次	目標	執行計畫	執行時間												執行者	備註
			1	2	3	4	5	6	7	8	9	10	11	12		
1																
2																
3																
4																
5																

　　有了計畫執行進度表，主管就可以做細節管理。細節管理要做的是階段性追蹤。

　　階段性追蹤可分成每週與定期，亦即行銷部門要每週開週會，不能每週開的會就是定期開，諸如籌備會。以參展籌備會為例，定期開的意思就可以是展前 3 個月開一次、展前 2 個月開一次、展前 1 個月開一次，共 3 次。

　　階段性追蹤要檢視的是專案執行效益，亦即行銷專案截至目前的執行進度是如何？專案團隊成員該做的事情有沒有做到位？它要管控的是時間、量、值、質，亦即 KPI。

時間，意指天數、日期。

量，意指數量。

值，意指金額。

質，意指重工率要控制在多少百分比，或容錯度要控制在幾次。

當主管有確實落實階段性追蹤，管理就不會失控，效益就可以彰顯。

D　進行大數據解析

1　收集整建外部資訊建立市場月報

2　找出標竿與競品進行分析

3　從大數據中找出機會

經營決策層與管理階層要做決定，決定就要有依據，依據就是大數據解析。大數據來自外部情資的收集與整理。大數據整理下來，可以編輯成市場月報。市場月報可以有對內與對外的 2 個版本之分。

對內發行的市場月報，讀者是公司全員與業務團隊，因此內容可以巨細靡遺。而讀者有業務團隊，主要是為了告知公司新品有什麼、賣點是什麼、應對話術是什麼。

對外發行的市場月報，讀者則是客戶或經銷商，因此內容不會巨細靡遺，重點在正確引導。為了方便海外讀者閱讀，還可以編輯成多國語言版對全世界發行。

兩者的不同在於：對外發行的市場月報內容有產業技術動態、市場動態、市場銷售變化、流行時尚、購買傾向、公司新品介紹。對內發行的市場月報內容則不僅只於此，還有比較分析、銷售話術。

比較分析是要找出標竿（做得比我們好的）與競品（與我們定位相同的）進行分析。

行銷主管必須做出比較分析提報給經營決策層做決策。有比較分析，我們就會知道公司產品的價值在哪裡。公司產品有價值，價值就決定價格，如此，我們就不怕陷入價格戰，被客戶殺價。

而從大數據的收集與整理，進行 STP，也可以看出我們的機會在哪裡。換言之，只要是經營很久的公司都會知道客戶在哪裡，不會不知道。如何知道客戶在哪裡？銷售數據就會告訴我們答案。

　　銷售數據會告訴我們，會買公司產品的客戶是誰，他會買什麼產品。得到這個分析結果，我們就會清楚我們的目標市場在哪裡，而可以告訴業務團隊要主攻什麼屬性的客戶，銷售話術該怎麼講，如此，攻克率就高。

E　加強可行性評估

[1]　運用 SWOT 分析

[2]　由 BI 解析改善與精進機會

[3]　確認最有利方案

　　行銷主管制定的行銷策略可行性要高，在制定行銷策略前就要運用 SWOT 分析做可行性評估。

SWOT	Strengths	優勢
	Weaknesses	劣勢
	Opportunities	機會
	Threats	威脅

SW 是《孫子兵法》中的知己，意在檢視內部資源。內部資源，意指人力、物力、財力、資訊力。OT 是《孫子兵法》中的知彼，意在評估外部資訊。外部資訊，意指 PEST。當我們知己知彼，就能百戰不殆。

PEST	Political Policy	政治，政策，法令，認證
	Economic	經濟，產業，市場
	Social	社會流行時尚，消費傾向
	Technological Threat	技術變革，競品威脅

如何操作？先是條列出公司的 S、W、O、T 各有多少。條列出來後，就可以做 SW 的列項與 OT 的列項比較。

當 S＞W 且 O＞T，就要採行攻擊拓展策略。

當 W＞S 且 O＞T，就要採行游擊利基策略。

當 S＞W 且 T＞O，就要採行迂迴取勝策略。

當 W＞S 且 T＞O，就要採行保全固守或退出再起策略。

	外部	O List O1: ... O2: ... O3: ... ⋮	T List T1: ... T2: ... T3: ... ⋮
S	List S1: ... S2: ... S3: ... ⋮	SO 攻擊	ST 迂迴
W	List W1: ... W2: ... W3: ... ⋮	WO 游擊	WT 固守 退出

內部

　　當我們決定四大策略要採行哪一個策略，接著就可以思考該策略的執行方案有哪些，最後從中選出對我們最恰當、最有利的方案來執行，可行性就很高。

　　這也意味著做了 SWOT 分析，我們會得到公司內部與外部的很多 Database。有 Database，就要做 Data Mining。沒做 Data Mining，Database 就是垃圾。

　　Data Mining 又稱 BI（Business Intelligence）分析，白話之就是統計分析。有做 Data Mining，我們就會清楚知道我們的改善與精進機會在哪裡。接著，我們就要提出 3、4 個改善與精

進對策供經營決策層做決策,而不是只提出 1 個對策逼經營決策層就範。

　　當我們有做 Data Mining,我們也會清楚知道未來的路要往哪裡走,我們可以找出對我們最有利的方案來執行,而不會勞民傷財地亂槍打鳥。

 # 經營管理的內容

　　行銷的執行與效益創造是來自管理階層。如何將行銷的規劃與執行效益整合在一起，靠的就是行銷會議。行銷會議，很多公司都在開，但是開的其實都是自以為是的亂開。正確的行銷會議，開會脈絡應該如下：

| 總目標 | 行銷目標 | 執行計畫 | 執行管理 |

　　先有總目標。總目標若是要做 10 億元，接著就是將這 10 億元拆解成行銷部門的行銷目標。行銷目標包括：

1. 參展：參加＿＿＿個展，各展各貢獻＿＿＿業績，創造＿＿＿來客數。

2. 觀展：觀看＿＿＿個展，各展各貢獻＿＿＿業績，創造＿＿＿客戶數。

③ 辦發表會：辦＿＿＿個場次，辦在＿＿＿月，各場次各貢獻＿＿＿業績，創造＿＿＿來客數。

④ 行銷 SP：例如在 Facebook 建立＿＿＿個粉絲團，粉絲人數達到＿＿＿人次。

⑤ 協助業務部門實現 10 億元業績：例如每月＿＿＿日發行市場月報。

⑥ 行銷費用預算：控制在＿＿＿元以下。

確定行銷目標後，就是把行銷目標拆解成執行計畫。有了執行計畫，就要訴諸執行。執行要到位，就要溝通互動，落實管理。如何溝通互動？管道就是開會。如何落實管理？工具除表單與行銷團隊專案執行的專案報告外，還有週會、行銷月會與專案會議。

週會是由行銷主管主持，每週開一次，每月共 4 次，第一週週會又稱月會，這個月會是行銷部門內的月會，不同於行銷月會。行銷月會是由 CEO 主持，每月開一次。

專案會議則是由行銷專案的專案負責人（Project Leader；PL）主持，不一定都是由行銷主管主持。通常要辦 SP 就要有 SP 的專案會議，要參展就要有參展的專案會議。CEO 不一定要

參與專案會議，可以只看專案負責人提報的專案計畫與專案報告就好。

因為行銷專案不一定都要由行銷主管當專案負責人，因此行銷主管若是想評估團隊某個成員是否可以栽培、重用，也可以把某個行銷專案交給那個成員負責，藉此來檢視他的邏輯思考力、整合力及執行力。

A　行銷會議的目的

1　確認超標的行銷方案

2　從 STP 找出行銷價值

3　從 PM 創造行銷價值

4　不斷提升附加價值

5　從 SP 傳達行銷價值

第 1 點意指 CEO 給了目標，行銷主管就要提出可以超標的專案計畫。這也可見，目標要明確，專案計畫才不會失焦。再者，行銷主管不能動不動就在 CEO 主持的行銷月會上問 CEO

這個專案要怎麼做。這是失職的行為。行銷主管應該先提出專案計畫，再在行銷月會上請 CEO 審核同意。

第 2 點意指當我們從市場調查掌握很多情資，礙於資源有限，不知道該怎麼做時，就是集中資源，專攻目標客群。專攻目標客群，就不會讓一群人都在做錯誤的事情。

換言之，對於客戶，我們不能抱持「只要是人，都是我的客戶」的心態。因為客戶百百種，不是所有客戶都對我們的產品有需求，我們要找出真正對我們產品有需求的客戶，之後專注去做，就會有效。

而如何選定目標客群？就是假設市場是一個大市場（Mass Market），我們就要針對這個大市場進行區隔。區隔，就是做切割的動作。

如何切割？就是以 X 軸與 Y 軸兩個軸線來切割。X 軸與 Y 軸的條件值由公司根據自身的需求與行業屬性來設定，可以是客群，諸如年齡、性別、職業、所得，也可是區域，諸如內銷的北中南區，外銷的國家地區。

切割出很多區隔市場後，就是從很多區隔市場中選出我們最有把握的區隔市場作為目標市場。有了目標市場，就可以花同樣力道，得到倍增效益，而不是子彈亂打，累死一堆人，又收效甚微。

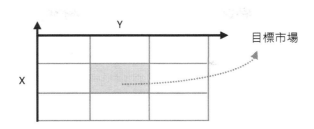

第 3 點意指從 STP 選定目標市場後，就要做產品規劃。產品規劃要做的不是開發一堆產品，結果賣不出去，而是開發目標市場要的產品，讓產品好賣。

再者，PM（Product Marketing；產品規劃）的功能，每家公司都有。若是組織編制沒有 PM 的部門或專員，老闆就是公司最大 PM。

當老闆是公司最大 PM，行銷主管要提專案計畫，就不能自行其是，必須請老闆喝咖啡，找老闆談，把老闆心中的想法全部挖出來，再以創新創意的方法來訂計畫。

第 4 點意指有了產品規劃，就要提升產品的附加價值，稱商品化。商品化就是把做出來的赤裸裸的產品（Product）包裝成有價值的商品（Commodity）。商品化就是創造產品的獨特價值或差異價值，為產品講一個令人起心動念、不買會遺憾的故事。

　　這也意味著比起產品開發，產品包裝更重要。當產品包裝得有價值，就可以把價格賣貴，市場也接受。

　　很多公司都是產品開發出來後，就赤裸裸地丟給業務團隊賣，不給業務團隊相關支援，也沒讓業務團隊頓悟，就只告訴他們「勤能補拙」，讓他們笨笨地賣，因此才會業務團隊一出門拜訪客戶就被客戶打槍。若是赤裸裸的產品有商品化，予以附加價值，業務團隊拜訪客戶談的就是價值，而不是價格，如此就不會被客戶打槍。

　　第 5 點意指有了商品化，就可以運用 SP 廣而告知。SP 可分成行銷促銷與業務促銷。

　　業務促銷涉及價格，諸如打折、加量不加價、Coupon、搭贈、加價購、抽獎、集點送，目的是為了增加業績。雖然玩起來有效，但是玩久了會犧牲老本、侵蝕利潤，導致市場客戶養成等待的習性，等到我們打折了再出手。

　　因此，比起玩業務促銷，應該加強行銷促銷。行銷促銷不涉及價格，只追求公司的指名度與好感度如何提升。當公司有高指名度與好感度，它就會形成一股拉力，讓我們客戶數增加與業績增加更容易。

B 行銷會議的內容規劃

1. 每月開一次
2. 報告事項
3. 討論事項

行銷會議的成員結構有高階主管、行銷主管幹部、業務主管，乃至研發主管或商開主管。行銷人員、業務幹部與業務人員不必參加。因為人數不多，才能快速討論出結果。

若是人數很多，就會人多嘴雜，連搞不清楚狀況的人都來插一腳，導致偏離主題太遠，主席做不出結論。再者，若是議程有行銷策略的研討，讓非中高階主管的人參加，他們不明就理，不知輕重，也可能在無意中洩密。

行銷會議的開會頻率是每個月開一次。行銷會議的會議通知與會議記錄示意如下頁。會議議程由行銷團隊準備。議程中的報告事項包括：

① 市場近況剖析
② 競爭分析
③ 專案執行成效

PLUS　會議記錄

會議名稱	行銷會議		
時間		地點	
主席		記錄人	
出席人			

會議議程	決議內容	待辦事項
A・上次會議待辦事項		
B・本次議題		
1・布達事項		
2・報告事項		
①　市場近況剖析		
②　競爭分析		
③　專案執行成效		
3・討論事項		
①　市場占有對策		
②　行銷推廣對策		
③　展會行銷對策		
④　廣告行銷對策		
4・臨時動議		

市場近況剖析，要剖析的有市場規模、市場變化、市場消長、市場競品。因為市場每個月都在變化，因此市場近況剖析要每個月做進度報告。

其中，市場競品要做的是同業競品的比較分析。這個競品分析不是拿所有同業來比，而是拿與我們同一個 Level、與我們公司或品牌定位相同的同業來比。

正如汽車產業的 Mercedes-Benz 要推新品，就不會拿所有車來比，也不會拿 TOYOTA 來比，而是拿 BMW、Audi、LEXUS 來比。若是拿 TOYOTA 來比，就會降低 Level。

專案執行成效，意指參展要有執行成效報告，觀展要有執行成效報告，辦活動也要有執行成效報告，不能偷偷地把錢花掉，默默地空手而回。

而要做執行成效報告，每份報告的報告時間就不能超過 10 分鐘。因為超過 10 分鐘，聽的人就會分心、失焦，聽不出重點。這也意味著報告內容要精簡，講重點，而不是逐字逐句地講故事。

議程中的討論事項則包括：

① 市場占有對策

② 行銷推廣（SP）對策

③ 展會行銷對策

④ 廣告行銷對策

市場占有對策，關鍵在我們要如何進行市場布局來提升公司產品的市占率。

行銷推廣對策，關鍵在我們要如何運用聯合促銷或各種管道來讓公司產品曝光更多。以各種管道觀之，目前的主流有 Facebook、LINE@、instagram、Youtube、WeChat、Twitter 等網路社群平台。

展會行銷對策，關鍵在我們要參加什麼展（國際展），觀看什麼展（Local 展），舉辦什麼活動（發表會、說明會、招商會、展售會）。

因為 Local 展都是當地進口商、經銷商、代理商參展，因此我們不必參展浪費錢，只要觀展找客戶就好。我們若想在國際市場上被看到，就是拿參加好幾個 Local 展的錢來參加一兩個國際展，集中火力，創造氣勢。

廣告行銷對策，關鍵在我們要把廣告投放在我們目標客群看得到的地方，不要亂槍打鳥，浪費錢。

除傳統的寄型錄、發宣傳單外，常見的廣告投放平台有電視、電台、報紙、雜誌、網路社群。隨著看報紙的人漸少，報紙廣告已經無效。要有效，就要做報導式廣告。雜誌廣告只有

專業性產品在專業性雜誌上做廣告還稍微有效，消費性產品做雜誌廣告已經無效。電台廣告有活絡起來的趨勢。網路社群廣告則是主流。以 Facebook 為例，可以是每個品牌、每個產品線都建立一個社團來推廣。

經營管理的績效管控要點

A 　提升市占率

1. 普及率
2. 客戶占比
3. 數量與金額占比
4. 通路占比

市占率檢視的是數量與金額占比，亦即目標市場的總量與總額有多少，我們做了多少。公式如下：

市占率＝公司銷售總量÷市場總量

市占率＝公司銷售總額÷市場總額

有的行業適合用數量（銷售量）計算，有的行業適合用金額（銷售額）計算。

普及率檢視的是客戶占比、區域占比、通路占比，亦即目標市場的客戶數有多少，我們做了多少；目標市場的區域數有多少，我們做了多少；目標市場的通路數有多少，我們做了多少。公式如下：

客戶普及率＝公司交易客戶數÷市場總客戶數

區域普及率＝公司銷售區域數÷市場總區域數

通路普及率＝公司銷售通路數÷市場總通路數

操作上可以是在辦公室牆面上貼上地圖，做國際市場就貼世界地圖，做國內市場就貼縣市地圖。接著就是插旗，亦即先檢視哪個國家、地區、城市、通路、商圈還沒有做進去，已做市場調查的就插藍旗，已做進去的就改插紅旗。如此，普及率是如何就一目了然。

之後檢討業務團隊的績效時，就可以拿普及率問他：「這個商圈，你做了幾家？」

通常普及率愈高，績效愈好，因此追求普及率，目標值是100%。例如全台有 2300 萬人，其中 100 萬人是我們的目標客群，我們就要把這 100 萬人全部都變成我們的客戶。

很多公司無法講出普及率是多少，就是因為不重視市場布局。若是重視市場布局，就會重視行銷。行銷就是走入市場，重視市場布局，與市場接軌，不脫離市場。而重視市場布局，就會精算普及率。精算普及率，就會知道如何讓更多人認識我們，指名我們，讓我們普及率提升。

精算普及率是行銷部門的職責。行銷部門算出普及率之後就可以告訴業務團隊該往哪個方向攻堅、如何攻堅。

正如我過去主持的一家買賣業公司，做了 30 餘年，年營業額都無法破 2 億元，原因就出在業務團隊做舊市場 S 與 R 做久了，都只要坐等客戶下單就有業績，於是沒有再開發新市場新客戶。

我接手後，從情資收集整理分析發現，舊市場 S 與 R 的訂單量會愈來愈少，新市場 M 的訂單量才大，再加上單憑自己的力量無法提升普及率，必須借助經銷商的力量，把小咖客戶也擁有，才能提升普及率。

因此就把目標市場擴及 M 與經銷商，要求商開團隊收集整理出 M 市場的廠商名單，並做競品分析，規劃出主打商品是什麼、賣點是什麼，再要求業務團隊依此全力開發，結果第一年營業額就突破 2 億元，隨後 M 市場上來了，也彌補了 S 與 R 市場縮小的損失。

若以通路占比觀之，要提升普及率，就可以是當末端銷售點有 5 萬家，我們就先把商品鋪到便利店，達成 1 萬多家銷售點的擁有，再往周邊的業務用市場，諸如雜貨店、餐飲店，慢慢滲透。

B 提升命中率

1. 商品的成功銷售
2. TA（Target Audience）的成功攻占
3. 藍海與紅海的意義

命中，台語稱「對組」，意思不是有賣出去就是命中，而是要設定一個值，例如多少數量或多少金額，當有賣出這個值才是命中，沒有賣出這個值就沒有命中。

這個值如何設定？可從 BEP（Break Even Point；損益平衡點）的角度計算研發費用是多少？毛利率是多少？倘若研發費用是 200 萬元，毛利率是 20%，BEP 就是 1000 萬元。

因為 1000 萬元只是損益兩平，必須再賺多一點錢進來才有獲利，因此 1000 萬元還要再乘以一個倍數，這個倍數是多

少？至少是 2，亦即 BEP 的 2 倍營業額才是命中的標準值。接著要提升命中率，著力點有三：

一是讓業務團隊在市場上推廣銷售時能講出商品賣點。而要讓業務團隊講出商品賣點，就要給他工具。這個工具就是銷售話術與 Q&A（即遇到客戶問什麼，我要怎麼應對）。這個工具要由行銷部門提供。

二是 TA 定位清楚，行銷部門要找出公司商品的目標客群是誰，讓業務團隊聚焦。

三是藍海市場與紅海市場並存。紅海市場是求大量，藍海市場是求差異。

玩紅海，因為商品同質化，價格低，毛利率低，因此要把量拱大，拱大到年營業額 20 億元以上，才有立足空間。

玩藍海，則因商品差異化，市場規模不大，因此毛利率要高，價格可以比平價高一點，關鍵在針對小眾族群賣很有特色的商品。這通常是大企業不屑做、沒看到、看不上的市場，中小企業只要做得好，做出「全世界只有我有，再貴，你也要跟我買」的獨特，獲利就高。

再者，市場不同，找的客戶的資格條件也會不同。玩紅海要找大咖客戶。雖然大咖客戶下給我們的訂單利潤不高，但是起碼他不會倒，對我們比較安全。玩藍海則因為客戶下單量都

不會很大，因此只要找適性的、不會亂殺價的、懂我們商品價值的客戶就好。

而藍海市場與紅海市場要並存，步驟上可以是先立足藍海市場，再跨足紅海市場，用藍海市場來拱利潤，用紅海市場來拱市占率。

C　提升指名度

1. 轉介率
2. 再購率
3. 增購率

指名度與知名度之間，指名度才是行銷訴求。因為知名度有好有壞，壞的知名度只有臭名昭著，沒有效益價值。指名度才有效益價值。指名度是市場相信我們、接受我們、指定要用我們的商品。指名度如何提升？檢視點有三：

一是轉介率。轉介，意指客戶介紹客戶，亦即台語「食好鬥相報」。轉介率是檢視公司截至目前的業績有多少，其中經

由客戶轉介而來的業績又有多少，或者公司截至目前的客戶數有多少，經由客戶轉介而來的客戶數又有多少。

轉介率要多少才合理？每個行業都不同。若要給一個參考值，就是要高於客戶占比的 20%。正如公司客戶數有 100 家，轉介客戶就要有 20 家以上。而轉介率要高，就要做好客情經營，讓客戶滿意信賴。

二是再購率。再購，意指這個客戶過去跟我們買，現在有沒有再來跟我們買。公式如下：

再購率＝再購舊客戶數÷公司總客戶數

再購率要多少才合理？每個行業都不同。若要給一個參考值，就是經銷交易要達 100%，簽約交易與長期交易要達 90% 以上，消費性產品交易要達 70% 以上。因為會買的客戶就是會買，當客戶跟我們買，就會長久跟我們買，因此我們要想方設法讓客戶持續不斷跟我們買。

以消費性產品而言，發行會員卡、儲值卡、集點卡都是很好的方式。而無論什麼行業，關心客戶都是拉高再購率的基本功。因為「豬食豆箍，人食招呼」。我們關心客戶，有優惠活動就發訊息通知，逢年過節就發訊息同慶，客戶生日就發訊息

祝福，客戶在收到訊息中感受到自己是被關心、被重視的，就會樂於再購。

三是增購率。增購，意指這個客戶來買時有沒有多買。有多買，客單價就會拉高。

如何讓客戶多買？組合銷售、加價購是很好的方式，業務團隊要主動引導。以便利店為例，店員在為客人結帳時主動問客人：「咖啡第二杯半價哦，要不要再買一杯？」客人就容易起心動念多買，如此，客單價就拉高。

D 提升活動效益

1. 活動業績÷執行預算
2. 執行預算÷增加客戶數
3. 活動來客數÷執行預算

參展、觀展，乃至舉辦發表會、說明會、招商會、展售會等任何活動，都不能把花錢當燒錢，有去無回，必須花了多少錢就要做出多少效益。如何檢視效益？

活動業績÷執行預算，意指每花一塊錢，可以增加多少業績。準則是分子要大於分母。若要給一個參考值，就是 10 倍以上。例如花 200 萬元參展，至少就要做出 2000 萬元業績。若是沒有做到，就不要沾沾自喜，自以為自己很厲害，應該好好檢討改善。

執行預算÷增加客戶數，意指每增加一個客戶，要花多少錢。數值愈小愈好，亦即花的錢愈少，效益愈大。

活動來客數÷執行預算，意指每花一塊錢，可以增加多少來客數。

其中，來客數≠客戶數。客戶數是有下單，來客數是來了未必有下單。以零售流通業而言，應該要求店員做到「來客數＝交易客數，進店數＝交易數」，如此他們才會想方設法讓所有來客都出手購買。

E　提升向心與粉絲

1　購買頻度

2　參與率

3　滿意度

購買頻度，意指多久購買一次。多久購買一次？可以分類成每個月、每兩個月、每一季、不定期。無論是消費性產品或工業性、專業性產品，都要知道客戶多久購買一次，以及客戶何時買、買了什麼。

如何知道？以消費性產品而言，採會員制，發會員卡，從會員卡上的消費記錄就可得知。若是經銷商客戶，我們就要了解他的下線有多少，會向我們買什麼產品，何時買，我們如何支持他，讓他更樂於為我們效命。

參與率，意指我們辦的活動有多少人來參加。它與粉絲有關。粉絲從哪裡來？從我們的客情經營、社群經營來。

社群經營的參與率，以 Facebook 為例，就是有多少粉絲來按讚、有多少粉絲來留言。社群經營的參與率要高，貼文就要有話題性、互動性。

滿意度，意指客戶對我們的產品與服務滿不滿意。如何知道？運用活動的問卷調查就能得知。另外，客訴件少，也代表客戶滿意度高。畢竟只有客戶不滿意才會客訴。而當客戶滿意度高，客戶轉介率與再購率就會高。

業務會議

經營管理的職責

一　經營決策層的職責

1. 制定公司銷售政策
2. 制定公司銷售制度
3. 設定公司銷售目標
4. 規劃公司獎勵制度與辦法
5. 布達與強調銷售政策與策略

　　第 1 點是經營決策層要制定公司的銷售政策。銷售政策主要來自商品政策、價格政策、通路政策。

　　商品政策，主要內容有三：一是我們要賣什麼產業領域的商品，商品走向是什麼。它與行銷的市場定位有關，定位決定商品。有商品政策，我們才能交給商品開發或商品採購團隊執行政策。

二是我們要如何開發組合商品。它意味著我們不能只賣光棍商品、單一商品。因為客戶跟我們買，不會只買這個，還會買它的周邊，我們若是沒賣，他就會跟別人買，我們沒有必要把這個賺錢的機會拱手讓人，因此我們要用一次購足的概念來準備商品。

三是我們要如何規劃替代商品。它意味著隨著科技日新月異，市場變化愈來愈快，產品壽命週期也愈來愈短，我們已經無法單靠一個產品吃一輩子，因此必須考量產品的世代交替問題，不斷推陳出新，才能永續長青。

價格政策，關鍵在定位決定定價。定位與目標客群成正相關，可分成高檔、中檔與低檔。高檔就高價，中檔就中價，低檔就平價。

定價是政策，因此必須由經營決策層拍板定案。定價不清楚，銷售管理就會亂。

當然，定價≠售價。定價是政策，售價不是政策，售價是策略。例如定價 100 元，售價不一定要賣 100 元，它與差別取價有關。

差別取價就意指數量不同，售價就不同；時段不同，售價就不同；區域不同，售價就不同；通路不同，售價就不同；客戶屬性不同，售價就不同。

正如賣 1 PC 與賣 1000 PCS 的價格一定不同，吃到飽餐廳的平日時段與假日時段價格一定不同，直銷價與經銷價一定不同。若是相同，就意味著不懂經營。

這也意味著售價可以變，不會在哪裡都一致。殺價是正常行為。若是商品標示「統一售價」，就是違反公平交易法。要標示售價，只能標示「建議售價」，才不違法。

定價與售價的差距通常在 5%。定價如何設定？都是從市場行情反推回來，絕不是從成本推演出去。若是從成本推演出去，就會變成我想賣 100 元，結果 A 區的市場行情賣 200 元，我就少賺 100 元，或者我想賣 100 元，結果 B 區的市場行情只接受 80 元，我的產品就賣不出去。

價格政策決定後，經營決策層就要向業務團隊布達說明清楚。有布達說明清楚，業務團隊才不會一天到晚都在請示業務主管：「這個商品，我可不可以賣這個價格？」把時間浪費在溝通互動上，而不是專注在銷售上。

通路政策，主要內容是我們要玩直銷銷售或經銷銷售。直銷銷售，意指我們養業務團隊直接賣給末端客戶。經銷銷售，意指我們賣給中間商，中間商再賣給末端客戶或他的下游。若以連鎖業觀之，直營連鎖就是直銷銷售的概念，加盟連鎖就是經銷銷售的概念。

因為玩直銷要砸很多錢，還要用很多人，讓很多人來糟蹋我們，因此我們若是玩不起，就要玩經銷。玩經銷只要抓幾個經銷商來替我們接觸末端客戶，讓他們用很多人來被糟蹋，我們只要輕鬆數錢就好。

通常外銷都是玩經銷，找在地通路商合作，最容易把事業做大。

當然，直銷與經銷也可以並行，但是並行的前提是價格政策上兩者的價格要不一樣。以直接外銷與間接外銷為例，間接外銷就要給中間商一點利潤。一點利潤是多少？市場行情是5%~10%。例如我們報價 100 元，經銷商跟我們拿貨，我們就可以報給他 90~95 元。有這麼做，才不會被中間商在我們背後說我們是一家沒有格調的公司。

第 2 點是經營決策層要制定公司的銷售制度。制度是公司所有運作的遊戲規則，若是沒有整建制度，只是一味地往前線衝，往前線衝，公司業績固然會增加，公司組織規模固然會擴大，但是一旦公司組織規模擴大，沒有制度來管控，公司亂象就叢生。

其實制度就好比是如來佛的手掌心，業務團隊就好比是孫悟空，當公司有制度，業務團隊就會不管怎麼騰雲駕霧都逃不出如來佛的手掌心。

　　而何謂銷售制度？主要就是業務團隊的日常作業、薪資待遇、獎勵辦法（獎金）、通路客戶管理。

　　以通路客戶管理而言，經銷合約的格式就要標準化、制式化，亦即架構相同，內容微調，不能草莽作法似的與這個客戶隨便簽定一個合約，與那個客戶隨便簽定一個合約。

　　另以購車補助而言，補助對象主要有二：一是理級以上主管；二是業務團隊。理級以上主管是基於位階福利。業務團隊是基於工作需要。

　　業務團隊能不能有購車補助，端視工作需要而定。我在 30 多年前主持一家製造業公司，因為疫苗產品需要冷凍，我就讓全台 20 多個駐地業代全部配車（發財車），車上配有小冰箱放置疫苗產品，同時考量到業代的安全，也規定車子使用 3 年要換車。

　　第 3 點是經營決策層要設定公司的銷售目標。銷售目標用在銷售團隊就是業績目標，用在其他團隊則是營運目標。因為經營決策層要負起公司經營成敗責任，因此要設定公司的銷售目標。

　　銷售目標如何設定？就是先設定 5 年發展目標，再拉出年度目標來設定結構目標。結構目標有產品結構目標、區域結構

目標、客戶結構目標、通路結構目標。有結構目標,再以月份展開來,一切就一目了然。

第 4 點是經營決策層要規劃公司的獎勵制度與辦法。獎勵制度與辦法,包括業務獎金、促銷活動的獎勵辦法,及績效獎金。

其中,業務獎金 ≠ 績效獎金。業務做生意,把業績做出來就有業務獎金,但是業務的工作不只有做生意,還有很多行政作業要做,這就攸關績效獎金。

第 5 點是經營決策層要布達與強調銷售政策與策略。政策是不能輕易改變,策略是每一分鐘都能改變,因此抱怨老闆一天到晚都在變來變去是認知不對,但凡講的是策略,都可以變來變去。

以銷售通路而言,我們要做直銷銷售或經銷銷售,這就是政策。當政策決定是經銷銷售,接下來我們要找誰來當我們的下游,這就是策略。

經營決策層必須把遊戲規則訂清楚、講清楚,業務團隊才知道要怎麼做,才不會一天到晚都在請示。

若有導入系統,一切都靠系統的機制來運作,業務團隊更不需要一天到晚都在請示,因為光以商品售價要賣多少為例,輸入的金額不對,出貨單就列印不出來,根本不需要請示。若

再將它與獎勵辦法相結合，規定賣的價格愈低，領的業務獎金愈少，業務團隊就更不敢賤賣。

二　管理階層的職責

1. 規劃結構業務目標
2. 提醒與強調銷售重點
3. 追蹤掌控業務營運績效
4. 召開業務週會與月會追蹤
5. 訓練與深化銷售技巧

第 1 點是業務主管要規劃結構業務目標。結構業務目標包括業績的結構目標、市場開發的結構目標、帳款的結構目標、客訴的結構目標、售價的結構目標。

市場開發的結構目標，以外銷而言，諸如中國大陸要做多少業績、建立多少經銷商，東協國家要做多少業績、建立多少經銷商，印度要做多少業績、建立多少經銷商；以內銷而言，諸如北區各大城市要做多少業績、增加多少客戶數，中區各大

城市要做多少業績、增加多少客戶數，南區各大城市要做多少業績、增加多少客戶數。

帳款的結構目標，諸如正常應收帳款要控制在多少百分比以下，逾期應收帳款要控制在多少百分比以下。倘若總帳款有 100 萬元，正常應收帳款有 90 萬元，我們就知道逾期應收帳款有 10 萬元，一旦讓它拖久了，就會收不回來，因此現在就要趕快把它催討回來。

若是業務團隊有很多應收帳款，就意味業務主管失職。除非公司同意這麼做。正如我們與某客戶做生意，他的付款方式是月結 180 天，這就意味著 6 月的帳款必須在 11 月底前收回來，沒有收回來就不對。

客訴的結構目標，意指客訴件是業務要主動處理、化解的事情，因為客戶是業務在負責，因此業務不能有客訴件。若有客訴件，就要做要因分析，檢視客訴件的產生是來自產品的原物料、製程、物流配送、交期，還是業務的服務、應對、行政作業，還是客戶的故意刁難。

換言之，業務不能一天到晚反映客訴件很多，要把什麼原因導致客訴件產生的結構講出來。或許一經要因分析，發現問題是出在業務亂向客戶承諾公司做不到的事情，我們找出原因就知道怎麼對症下藥。

售價的結構目標，與授權有關，諸如定價多少的商品打八折賣，要賺多少；打七折賣，要賺多少；或者定價 100 元的商品可以接受 1000 PCS 賣 95 元的售價，絕不接受 1 PC 賣 95 元的售價。

第 2 點是業務主管要提醒與強調銷售重點。銷售重點，意指這個商品的賣點是什麼；這個商品要針對哪個市場、哪個客群賣；賣給這個市場、這個客群，銷售話術該怎麼講。這些銷售重點，業務主管要對業務團隊說清楚講明白，並且每天叮嚀他們、約束他們。

每天叮嚀他們、約束他們，不是因為他們素質不好，而是因為他們都是過動兒，必須每天叮嚀、約束，他們才不會亂成一團。如何叮嚀、約束？就是透過每天開朝會、每週開週會來叮嚀、約束。

第 3 點是業務主管要追蹤掌控業務營運績效。當目標設定出來，就要評估績效。很多主管都是只管團隊有沒有努力，而不管團隊有沒有做出績效，其實這是不對的。主管應該重視績效，因為績效是一翻兩瞪眼的事情，有就有，沒有就沒有。業務沒有做出績效，原因不外乎沒做，或者無能。講一堆理由都是騙人的。

　　而何謂追蹤掌控？就是業務主管要每天檢視團隊的業績進度有沒有跟上，市場開發活動有沒有做出效益，應收帳款有沒有收回來。

　　換言之，業務部門的每個人都有業績進度，要掌控業績進度，就要寫日報表。業務自己寫日報表，對於自己做出多少成果就會冷暖自知。而業務主管就是每天看業務交出來的日報表作進度的追蹤掌控。

　　第 4 點是業務主管要召開業務週會與月會追蹤。業務主管要透過週會與月會，檢討業務營運績效，發現績效有落後，就要問出落後原因，進行改善，不能讓他們以「我有做啊」等藉口放過他們。

　　第 5 點是業務主管要訓練與深化銷售技巧。銷售技巧是日積月累、Case by Case 的，因此業務主管要每週開週會訓練業務團隊如何根據自己給的銷售攻略促進銷售。通常週會開完都會留下 Q&A。每個 Q&A 都是一則 KM，把這個 KM 放到公司的 EIP 上，我們就不必擔心團隊忘了怎麼辦。當團隊忘了，只要讓他自行上 EIP 查 KM 就有答案。

　　當然，我們也不能自以為是地認為只要我們有訓練，團隊就會做。通常愈資深的業務愈有恃無恐，他們不會料到市場已經轉變，也不會用心了解公司的新品銷售策略已經改變，他們

只會習慣性的強推強銷，以欺騙的手段來誘導客戶購買。而以欺騙的手段來誘導客戶購買，雖然初期客戶會被誘拐，但是被誘拐後就會看破。

只有站在滿足客戶的立場告訴客戶：「你要什麼，我可以找給你、滿足你。」客戶才會不斷再購而不變心。

經營管理的內容

一　銷售業務目標的重點

A　結構業績目標

1. 產品別
2. 區域別（個員別）
3. 通路別
4. 客戶屬性別
5. 以上均以月份展開

　　結構業績目標，管理上要表格化，運用 Excel 製作成「年度結構業績目標表」。年度結構業績目標表中，ABCDEFG 可以是產品別、區域別、通路別、客戶別。使用上是一個類別做一張表，4 個類別就有 4 張表。我們公司要做幾張表？端視我們的需求而定。

PLUS 年度結構業績目標表

	1	2	3	4	5	6	7	8	9	10	11	12	合計
A													
B													
C													
D													
E													
F													
G													
⋮													
合計													

　　以區域別而言，經營決策層做的是區域別，管理階層因為要帶團隊，因此做的是個員別。以通路別而言，連鎖業做的是店別、櫃別。以客戶別而言，客戶屬性可以是直銷、經銷，或是電子產業、機械產業……。

　　由縱向的「合計」可知每個月的業績目標是多少。由橫向的「合計」可知 ABCDEFG 個別的年度業績目標是多少。兩者的最末一格「合計」就是年度總業績。如何知道我們做的年度結構業績目標表對不對？就是不管什麼類別，加總起來的年度總業績都是一樣的。

B 市場開發目標

　　市場開發目標中的「市場」意指目標市場。市場開發目標可分成區域數開發目標、通路數開發目標、客戶數開發目標。不管做什麼行業，最重要的都是客戶數開發目標，亦即客戶數要增加多少。

　　很多業務都會守成，以為舊客戶維繫住就可以得到很好的業績效果。其實這是不對的！舊客戶維繫住是基本，開發新客戶才能提升業績。因為客戶會變心、會往生，沒有開發新客戶來彌補，業績就無法維持，更遑論提升。

　　市場開發目標，管理上也是使用年度結構業績目標表，不同的是，ABCDEFG 可以換成市場區域別、市場通路別或客戶類型別，主要是檢視每個市場區域、每個市場通路、每個類型客戶每個月要開發多少。同樣是一個類別做一張表，3 個類別就有 3 張表。

　　有表格化，管理重點就一目了然，業務團隊也會很清楚要開發哪個市場區域、哪個市場通路、哪個類型客戶。因為業務都不喜歡被念，業務主管若是一天到晚都在潑婦罵街，即便講的是對的，業務也會馬耳東風，因此與其讓我們的苦口婆心都付諸流水，不如透過表單管理，更事半功倍。

除表格化外，還可以在辦公室牆面上貼世界地圖或縣市地圖，以「有做進去的就插紅旗，沒做進去的就藍旗」的方式來綜覽市場開發做了多少；或以數位地圖的顏色來反映市場開發做了多少。

這也可見，銷售管理不能只會講，不會做，不能坐等客戶上門，不能坐在座位上說這裡有困難、那裡有困難，業務主管必須督促業務團隊走出去開發市場。有做就會有效，猶豫、觀望就會不進則退。

C　帳款管理目標

銷售管理上，零應收帳款是最高境界。如何做到零應收帳款？就是只做現金交易，不做賒帳交易。

如何做到只做現金交易，不做賒帳交易？前提就是我們有核心價值。當我們有核心價值，客戶就會捧著現金來交易，不會賒帳。核心價值就意指我們賴以為生、別人無法超越取代的優勢價值。

正如同業的交期是下單後 30 天到貨，我們有下單後 1 天到貨的交期短優勢，我們就能要求客戶現金交易，我們收現金

放貨。若是客戶要求 T/T（Telegraphic Transfer；電匯），不給支票，我們就是要求客戶 T/T in advance，亦即客戶先付錢，我們再出貨。

通常做外銷最常見的收款方式是 L/C（Letter of Credit；信用狀）。L/C 可分成 Sight L/C（即期信用狀）與 Usance L/C（遠期信用狀）。雖然 Sight L/C 等同現金，但是會有 Unpaid 的陷阱。

相較於 Sight L/C，Usance L/C 會更安全。賣方可以鼓勵買方開 Usance L/C 180 days，如此，賣方就多一道銀行對買方做徵信調查的保障，買方也可以貨到再賣，收到票再還錢，自己不需要準備錢，較無資金壓力。

D 促銷執行目標

任何行業都有促銷活動，業務主管應該在年度計畫規劃出下個年度有多少促銷活動要做。業務主管應該設定促銷執行目標，促銷執行目標的著力點在「季季有主題，月月有活動，日日有重點」，管理上要表格化如下頁。

	Q1			Q2			Q3			Q4		
	1	2	3	4	5	6	7	8	9	10	11	12
主題												
活動名稱												
活動目的												
活動目標												
活動時間												
活動地點												
活動內容												
活動對象												
團隊與工作分派												
費用預算												
預期效益												

　　表中，主題是每一季為一個主題，可以是 3、4、5 月基於青年節、兒童節、母親節，以家人為一個主題；6、7、8 月基於畢業季，以社會新鮮人為一個主題；12、1、2 月基於農曆年前大促銷、農曆年節促銷、農曆年後清倉，以歡慶節慶為一個主題。

　　活動名稱是每月搭配季的主題辦不同的活動。它們的異同在於，商品主軸是相關的，只是活動內容不一樣。以寢具業為

例，就可以是主題都是提升睡眠品質，只是這個月主打枕頭商品的促銷活動，下個月主打棉被商品的促銷活動，再下個月主打蚊帳商品的促銷活動。

通常零售流通業每個月都要有促銷活動，才玩得起來。非零售流通業若是一年只要辦 4 場促銷活動，「活動名稱」一欄就只要填這 4 場促銷活動就好。

活動目的 ≠ 活動目標。活動目的是一個境界，意指我們為什麼要辦這個活動。它是文字敘述。活動目標則要具體量化，表達方式只有：要賣什麼商品，要做多少業績，要增加多少來客數或交易客數。

其中，要做多少業績？業績目標要怎麼設定？主要是依公司的定價來設定，公司的定價決定業績目標。若是業務團隊喜歡打折賣，例如喜歡打 95 折賣，我們就要以 95 折的價格來設定業績目標。

活動時間，要注意活動時間點的規劃，亦即活動辦在什麼時間點是對的，辦在什麼時間點是錯的。

活動內容，意指活動細節，亦即辦這個活動有什麼細節規劃，諸如贈獎。因為所有活動細節都要在這一欄載明，因此占的篇幅最大。

　　活動對象，意指目標客群是誰。因為它與活動執行成正相關，因此必須明確。若不明確，讓我們的客戶沒印象、沒感覺，這個活動就算失敗。

　　團隊與工作分派，意指辦這個活動要由哪些人來做，什麼人要負責什麼事情，因此占的篇幅也很大。

　　團隊與工作分派就告訴我們，一個活動不是一個人獨力完成，而是一個團隊協作完成，亦即要完成一個活動，不是一個人全包，它可能需要來自 5 個部門的 5 個人相互配合，變成一個團隊，有人負責對外聯絡，有人負責接洽協力廠商，有人負責內部的準備作業……，才能完成。

　　費用預算，意指辦這個活動要花多少錢。當一個活動有目標，預算也清楚，效益就產生。費用預算與預期效益就告訴我們，不要怕花很多錢，要怕的是花了這麼多錢，賺了多少錢回來。若是兩手空空回來，就是沒有效益。

　　那麼效益要多少才合理？就是花的錢的 10 倍。例如花了200 萬元，就要做 2000 萬元的業績回來。

　　預期效益的著力點不在達標，而在超標。例如原定目標是1000 萬元，設定目標就要超標 10%，做到 1100 萬元。因為業務團隊都有做事情會打九折的惰性，若是只求達標，最後都不會達標。只有力求超標，最後才會達標。

　　不必擔心力求超標，業務團隊（或經銷商）會覺得壓力很大。只要將業績與獎金掛勾，規定做的業績愈多，領的獎金愈多，業務團隊就不會覺得壓力很大。

　　而將「季季有主題，月月有活動，日日有重點」的促銷執行準則表格化之後，就可以運用甘特圖整理出「計畫執行進度表」來追蹤管控。計畫執行進度表的格式如下。如何使用？詳見第一章第 27 頁。

項次	目標	執行計畫	執行時間												執行者	備註
			1	2	3	4	5	6	7	8	9	10	11	12		
1																
2																
3																
4																
5																

　　要注意的是，辦促銷活動不一定要打廣告。只有給普羅大眾用的消費性產品才需要打廣告。我過去主持的一家連鎖業公司是運用郵購、簡訊等工具，將活動內容發送給公司整建出來的上百萬筆客戶資料。

可見，整建客戶資料庫是必要的。如果客戶對象是經銷商，經銷商不願意提供他的客戶名單，我們可以是以「回填活動問卷送贈品」的方式來整建客戶資料庫。

當然，我們以這個方式來整建客戶資料庫，必須向我們的經銷商說明清楚，我們做這個動作不是要跟他搶生意，而是要幫他賣，亦即我們做這個動作是要了解末端消費者的需求，為末端消費者準備商品，告訴末端消費者到哪裡買這個商品。經銷商若是不懂這個概念，或不懂怎麼賣，我們就要教他，而不是只會塞貨給他。

E　客戶管理目標

客戶管理目標的著力點在 CRM（客戶關係管理）系統的建置、客戶資料的異動更新、客戶的 BI（Business Intelligence）分析。客戶的 BI 分析要做的是客戶的下單頻度分析、客戶的銷售排行榜分析，及客戶的成長分析。

客戶的下單頻度分析要表格化成縱向是客戶名單、橫向是最近 3 年每個月的結構業績，如此經過整理就會發現：每個月

下單的客戶有誰，每兩個月下單一次的客戶有誰，每三個月下單一次的客戶有誰，不定期下單的客戶有誰。

有定期下單的客戶就意味著他是穩定客戶，我們的業績可以確保。沒有定期下單的散客就意味著他是不穩定客戶，把他變成穩定客戶，我們的業績就上來。

清楚客戶的下單頻度後，要做銷售預估就容易。只有無知的業務主管才會說：「我不會做銷售預估。」不會做銷售預估就意味著業務主管失職。因為銷售預估的來源不是新客戶，而是最近兩三年來的舊客戶。不會做銷售預估就意味著業務主管沒有做好客情經營。

若是對「客戶去年的營業額做多少，今年的市場策略是什麼」瞭若指掌，客戶的下單頻度也會瞭若指掌，而可以做出銷售預估。

客戶的銷售排行榜分析要做的是商品別銷售排行榜與客戶別銷售排行榜的交叉分析，從中歸納出什麼客戶在買我們的什麼商品，為什麼同屬性的客戶，有的有買我們的 A 商品與 B 商品，有的只買 A 商品沒買 B 商品。只買 A 商品沒買 B 商品的客戶就是業務團隊可以攻堅的目標。

客戶的成長分析要做的是從上年同期變化與前年同期變化分析出哪個類型的客戶在衰退，哪個類型的客戶在成長，哪個

客戶是過去做得不怎麼樣、現在卻成長上來。這類成長型的客戶就是業務團隊可以攻堅的目標。

通常當我們做對了這類成長型的客戶，業績就會猶如搭直升機般扶搖直上。若是做不對客戶，業績就會猶如直升機失事般墜機。

二　銷售管理的重點

A　週與月的業務績效檢討

1　用月份工作計畫執行進度表
2　季度會議時要進行比較分析
3　月與季度會議議程

業務績效檢討是每週、每月、每季都要做。開週會與月會用的是績效評估表，開季度會議用的是計畫執行進度表。

開月會與開季度會議，兩者的開會重點不一樣，開月會的重點在做績效檢討，看績效分數，開季度會議的重點在做比較分析。比較分析做的是：

① 業績／產品／通路等的目標達成率比較

② 三年同期的成長率比較

③ 三年同期的客戶開發比較

三年同期的成長率比較與三年同期的客戶開發比較，管理上可以運用 Excel 製作成「HPA 比較與要因分析圖」。以 2019 年為例，示意如下：

曲線圖														
		1	2	3	4	5	6	7	8	9	10	11	12	合計
數據	2016													
	2017													
	2018													
要因分析														
改善對策														

HPA 意指歷史路徑分析，可以折線圖或直條圖來表示，不同年份通常是以不同顏色來區別，例如 2018 年用紅色，2017 年用綠色，2016 年用藍色，以不同顏色來區別，很容易就可以比較出 2018 年對 2017 年的成長率，及 2017 年對 2016 年的成長率。

若要做三年同期的客戶開發比較，就是在「數據」一欄填入客戶開發數。

要注意的是，比較是拿同期來比較，因此分母要一樣。例如要知道今年 6 月的成長率，分母就要拿 2018 年 6 月或 2017 年 6 月的數據。若是拿 2018 年全年或 2017 年全年的數據，比較出來的數值就不具參考性。

通常一經比較就會發現有落差，發現有落差就要做要因分析，找出業績暴增與業績衰退的原因是什麼？成長率沒有達到 20% 以上的原因是什麼？

以業績暴增的原因為例，它可能是因為全世界都斷貨，只有我們有貨，業績才暴增，或是當時做了促銷活動，業績才暴增。我們要將這個因素考量在內。

找出原因後，就要提出改善對策，作為下一個經營工作目標的調整，才能精進提升。

若以月會與季度會議的議程觀之，業務會議的會議通知與會議記錄示意如下頁。議程中的報告事項包括：

① 公司政策與規範布達

② 公司銷售策略說明

③ 各部室單位績效與改善對策報告

其中，公司政策與規範布達，每次業務會議都要做。若是沒有新的政策與規範要布達，就是把既有政策與規範再布達一次。因為業務的忘性很大。

公司銷售策略說明，也是每次業務會議都要做。因為銷售策略是隨機應變，每分鐘都在變，因此任何行業每個月都會有新的銷售策略要說明，不會沒有。

議程中的討論事項則包括：

① 業績提升對策

② 市場開發對策

③ 市場競爭對策

④ 客訴反映對策

業績提升對策，意指增加業績的對策。

| PLUS | 會議記錄 |

會議名稱	業務會議		
時間		地點	
主席		記錄人	
出席人			

會議議程	決議內容	待辦事項
A．上次會議待辦事項		
B．本次議題		
1．布達事項		
2．報告事項		
① 公司政策與規範布達		
② 公司銷售策略說明		
③ 各部室單位績效與改善對策報告		
3．討論事項		
① 業績提升對策		
② 市場開發對策		
③ 市場競爭對策		
④ 客訴反映對策		
4．臨時動議		

　　市場開發對策，意指區域數開發、通路數開發、客戶數開發的對策。

　　我過去主持的一家買賣業公司，是把 M 市場的廠商名單拿出來問業務主管：「你做了多少家？」一開始業務主管答不出來，3 年後業務主管已經可以答出：「總客戶數有 500 家，屬於我們可以做的客戶有 200 家，現在做到 170 家，沒做到的 30 家是向同業的 M 公司與 U 公司買，我現在已經談好 3 家客戶，可以把 M 公司的產品取代。」

　　市場競爭對策，意指市場競爭是必然的，業務主管的職責就是把對策講出來。若是自己講不出來，就要召集團隊集思廣益把對策討論出來。

　　客訴反映對策，意指不要害怕有客訴件，要害怕的是客訴件一直增加。因為有客訴件就意味著公司有進步的機會，而客訴件愈少，客戶滿意度就愈高，因此有客訴件，就要做要因分析，將之改善。

　　以上四大討論事項，可以全部都討論，也可以擇一擇二來討論。

B　市場拓展對策研討

1　注意新市場潛力
2　注意新通路渠道的進入
3　解析 ACTING 與 SLEEPING 客戶結構
4　運用展會活動開發客群

第 1 點意指我們要收集市場情資，了解這個市場規模有多大，客戶數有多少，然後思考如何開拓這個市場的潛力。潛力就意指我們現在沒做到，但是將來可以擁有。

第 2 點意指任何產業都會有新的通路出現，我們要知道通路的種類有多少，然後思考我們有沒有陸海空齊備，怎麼做才能陸海空同步作戰。

陸，意指實體通路。海，意指物流配送。空，意指網路通路。陸海空同步作戰，就意指不要再打傳統陸軍在打的大兵團作戰，當實體通路布建好，就要再把網路通路做進去。因為這個時代，物流配送可以用外籍兵團，實體通路也可以用外籍兵團，因此我們要掌握的是網路通路，我們要在意的是我們在網路通路上做了多少業績。

第 3 點意指當公司的客戶資料庫整建好，我們就要把客戶分成三大類：

① Acting：現在還在跟我們交易的客戶。

② Sleeping：已經睡著的客戶，亦即已經 1 年以上沒有跟我們交易的客戶。

③ Deep Sleeping：已經深度沉睡的客戶，亦即已經失聯的客戶。

當我們有分類，再歸類，我們就可以得知 Acting 的客戶有誰。我們讓他加買，我們的業績就上來。

當我們有分類，再歸類，我們就可以得知 Sleeping 的客戶有誰。我們把他叫醒，我們的業績就上來。

當我們有分類，再歸類，我們就可以得知 Deep Sleeping 的客戶有誰。我們讓他起死回生，我們的業績就上來。

換言之，會跟我們買的客戶就是會跟我們買，我們不要讓他失聯了。而解析客戶結構，我們就可以得知我們有多少機會點可以做，而不是有來就做，沒來就等。若是有來就做，沒來就等，這麼不主動，面對現在這個供過於求的市場，我們的客戶就會被別人搶走。

正如我過去主持的一家連鎖業公司，接手時，客戶資料庫只有 19 萬筆，其中 Acting 客戶（每季都有交易）只有 9%，其餘 91% 都是 Sleeping 客戶。

我就要求團隊，一面整建客戶資料庫，一面叫醒 Sleeping 客戶，結果雙管齊下下，做到客戶每季都回來再購，就把業績做上來。

第 4 點意指開發新客戶不難，只要會運用展會活動就可以辦到。展會活動就包括參展，觀展，辦說明會、發表會、招商會、展售會。

要注意的是，參展攤位一定要拱大，做出氣勢，效益才會好。當然，若是同屬性的 2 個國際展，展覽時間相近，鑒於買家逛了先舉辦的 A 展，就不會再逛後舉辦的 B 展，參展攤位就不必拱大。

而之所以參加 A 展又沒放棄參加 B 展，主要是因為我們一旦在國際展亮相了，就要持續不斷地亮相，以免買家問參展的同業：「這家公司怎麼沒看見？」同業誤導買家：「這家公司已經倒了。」

C 銷售統計分析

1 產品（商品）別排行榜
2 區域（國家）別排行榜
3 通路（店家）別排行榜
4 客戶別排行榜
5 交叉分析
6 客戶交易頻度週期分析

銷售統計分析是取最近 3 年的銷售數據，依銷售額、銷售量、銷售毛利排序，整理出產品別排行榜、區域別排行榜、客戶別排行榜、通路別排行榜。

其中，產品別排行榜適用於製造業的原物料、零組件、製成品，非製造業的末端銷售適用商品別排行榜。區域別排行榜在內銷適用北中南區別、縣市別排行榜，在外銷適用洲別、國別排行榜。通路別排行榜適用於非零售流通業，零售流通業適用店櫃別、商圈別排行榜。

整理出四大類別排行榜，再依 80/20 法則檢視，我們就能得知公司業績的主要來源是來自哪個產品、區域、客戶、通路的貢獻。

再將四大類別取兩個類別做交叉分析，更能得知哪個產品在哪個地區、哪個客戶、哪個通路賣得最好，可讓業務團隊攻堅市場、滲透市場更聚焦。

以商品別的交叉分析為例，示意如下：

商品類	商品類	A	B	C	D	E	F	G	H
	客戶數	100	90	80	70	60	50	40	30
A	100								
B	90								
C	80								
D	70								
E	60								
F	50								
G	40								
H	30								

我們要檢視的是，買 A 類商品的客戶有 100 家，為什麼這 100 家客戶中有 10 家沒買 B 類商品、有 20 家沒買 C 類商品……？沒買 B 類商品的 10 家客戶各是誰，沒買 C 類商品的 20 家客戶各是誰……？我們要找出他們沒買的原因。找出原因後，我們就可以提出更聚焦的改善對策。

因為業務的通病就是喜歡做「便工作」，**賣 A 類商品就會忘了順道推 B 類、C 類商品**，而我們知道沒買 B 類、C 類商品的客戶有誰，我們就可以依此逼迫業務要拜訪那 10 家客戶推 B 類商品、拜訪那 20 家客戶推 C 類商品。

商品別的交叉分析也可以換成區域別的交叉分析、通路別的交叉分析。從中，我們要檢視的則是同樣的商品，大家應該都會買，為什麼誰沒買，它們的區域消費差異、通路消費差異在哪裡。

若以商品別與客戶別的交叉分析觀之，則示意如下：

客戶類	商品類	A	B	C	D	E	F	G	H
	客戶數	100	90	80	70	60	50	40	30
甲	100								
乙	85								
丙	95								
丁	75								
戊	80								
己	90								
庚	60								

我們要檢視的是，甲類客戶買 A 類商品買了 100 個，為什麼買 B 類商品只買 90 個？為什麼有 10 個沒買？或者，甲類客戶有 100 家買了 A 類商品，為什麼乙類客戶只有 85 家買了 A 類商品？我們要找出他們沒買的原因。找出原因後，我們就可以找出更多商機。

D　業績提升對策研討

業績如何提升？可依安索夫矩陣（Ansoff Matrix）分析來著力。

	舊商品	新商品
新市場	開拓型	開創型
舊市場	維護型	增購型

舊商品賣舊市場，稱維護型成長，不管怎麼努力，業績成長率都只有 10%。

舊商品賣新市場，稱開拓型成長，因為有開發新客戶、新區域，因此業績成長率可以高於 20%。

　　新商品賣舊市場，稱增購型成長，因為有推出新商品，因此業績成長率也可以高於 20%。

　　當然，業績成長率要更好，就是新商品賣新市場，稱開創型成長，業績成長率可以高於 50%。

　　若以業績占比觀之，將新舊商品以 3：7 的黃金比率作縱向切割，將新舊市場以 2：8 的黃金比率作橫向切割，則維護型成長占 56%，開拓型成長占 14%，增購型成長占 24%，開創型成長占 6%。

	舊商品	新商品
新市場	開拓型 業績成長率：20%↑ 業績占比：14%	開創型 業績成長率：50%↑ 業績占比：6%
舊市場	維護型 業績成長率：10% 業績占比：56%	增購型 業績成長率：20%↑ 業績占比：24%

　　而我們定期依此推演，就能得知要從哪裡著力。諸如我們依此推演，發現我們在維護型成長的業績占比高於 90%，我們就知道我們過度依賴舊商品與舊市場，會坐吃山空，必須開發新商品或新市場，才能脫困。

E　競品分析與對策

競品分析與對策，管理上可以表格化如下：

項次	甲	乙	丙	丁	戊	己	我
規格							
材質							
尺寸							
功能							
效果							
特性							
配件							
價格							
銷售對策							

這張表的重點在銷售對策，亦即面對這麼多的競品，差異是如此，我們的優勢是什麼、劣勢是什麼。當我們把我們的優勢與劣勢理出一個頭緒，我們的銷售對策就能聚焦。若是一味逃避，就會失去市場。

這張表是每個銷售區域每週都要提出一份。業務是負責提出責任區的數據，業務主管是彙總所有人提出的數據，因此業

務不能找藉口說他給不出數據。因為只要有用心跑現場，都會知道市場上有什麼競品。

換言之，業務業績做不好，常以「公司產品太爛、價格太貴、景氣太差、市場太競爭」當藉口，就是不把真正原因（本人無能、本人太懶）講出來。業務主管要讓業務沒有藉口，就是要求他填這張表。

有這張表，業務主管也可以依此告訴業務團隊，面對市場競爭，面對這個競爭對手，我們不必害怕，因為我們的優勢是什麼。

經營管理的績效管控要點

A 提升普及率

1. 區域
2. 客戶
3. 通路

普及率的公式如下：

區域普及率＝公司銷售區域數÷市場總區域數

客戶普及率＝公司交易客戶數÷市場總客戶數

通路普及率＝公司銷售通路數÷市場總通路數

標準值在 100%。以區域普及率而言，就是任何我們能銷售的區域，我們都要全部做進去。沒有全部做進去，就意味著區域普及率沒有達標，我們必須加緊努力。

　　以通路普及率而言，通路可分成實體通路與虛擬通路。實體通路包括量販、百貨超市、連鎖、賣場、商城。虛擬通路包括網購、團購、郵購、電視購物。

　　對於通路普及率，同樣是任何我們能銷售的通路，我們都要全部做進去。沒有全部做進去，就意味著通路普及率沒有達標，我們必須加緊努力。

　　我過去主持一家連鎖業公司，在台北開了新店，營運了 3 個月，月營業額都沒有突破 100 萬元的目標，我就要求店長在離峰時間留下 1 人顧店，其餘 2 人都到店的對面「掃大樓」。結果大樓一掃，就拉到 3 家公司的生意，當月業績立刻突破 100 萬元。可見，只要我們把能銷售的通路都做進去，業績就會拉高。

B　市場開發效益

1　成交率

2　開拓有效機率

3　開發費用效益

市場開發，從開發到成交，要設定一個目標值來做效益管理。以成交率觀之，直銷行業的目標值是 3%，經銷行業與長期交易屬性行業的目標值是 25%。

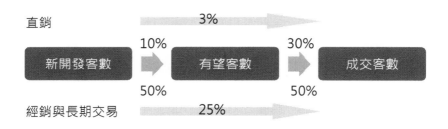

直銷行業的成交率，意指當新開發客戶有 100 家，其中可能會有 10 家是我們的有望客戶，但是最後只會有 3 家客戶跟我們交易。

經銷行業與長期交易屬性行業的成交率，意指當新開發客戶有 100 家，其中可能會有 50 家是我們的有望客戶，但是最後只會有 25 家客戶跟我們交易。

經銷行業與長期交易屬性行業的成交率比直銷行業高，主要是因為經銷行業與長期交易屬性行業的目標客群明確，客戶都在檯面上，都是有望客戶，我們只要從每個國家的商會名錄或台灣的同業公會名錄找，就有開發名單。

　　若以開拓有效機率觀之，當我們目標客群愈精準，新開發客戶的有效機率就愈高。

　　若以開發費用效益觀之，我們要知道我們開發了多少家客戶下單，花了我們多少錢。不能無知，更不能錢花了卻一點效益都沒有。

　　正如同樣都開發了 10 家客戶下單，業務甲花了我們 10 萬元，業務乙花了我們 100 萬元，效益就是業務甲比業務乙好。又如同樣都開發了 10 家客戶下單，業務甲的客戶下單平均有 100 萬元，業務乙的客戶下單平均有 10 萬元，效益就是業務甲比業務乙好。

　　若以網路的開發費用效益觀之，它是 3 個月內的成果都可列入計算。若以展會的開發費用效益觀之，它是展會結束就要有結果。

　　若是沒有結果，就意味著這個團隊在做等因奉此的例行工作，企圖心不強。若是企圖心強，準備心態與執行心態就會不一樣，整個團隊就會為了使命必達，達到業績目標，在事前的準備工作上用心思考要邀約什麼樣的客戶，以及為了誘使這些客戶下單，要準備什麼樣的商品。

C 提升客單價

1. 增購
2. 加購

客單價，意指平均購買金額。無論是消費性產業，或是工業性、專業性產業，都要提升客單價。如何提升？著力點在增購與加購。

增購，意指增加購買的品項。以安索夫矩陣觀之，做的就是對舊客戶賣新商品的增購型成長。而當自己開發新商品的速度太慢，就要 IPO（International Purchasing Operation；國際採購）。

IPO 是轉手賣，賣掉的商品都是淨利的增加，賣愈多就賺愈多，即便毛利率不高，也是賺。我們若是不會操作，只會賣自己做的，業績就很難倍增。

因為只賣自己做的就要砸很多錢蓋工廠、買設備，而設備使用 3 年就輸給新設備的產能，只有不斷投資更新設備，才不會被買新設備的競爭者超越取代。而與其如此辛苦玩自製，玩 IPO 的買空賣空，業績倍增會更輕鬆。

要玩 IPO，我們就要有正確思維：我們要站在服務客戶的立場，客戶要什麼周邊，我們就 IPO 給他，並且這個 IPO 的賣價比他向別人買還低。如此，當我們 IPO 賣得愈多，淨利增加就愈多。如果我們僅持在毛利率，賣價沒有比別人低，客戶其實向別人買就好，何必跟我們買。

加購，意指同一個品項多買。玩加購是運用組合銷售，例如把單一商品變成 6 入組合包就是組合銷售。

D　提升再購率

1　頻度
2　舊客戶回購
3　舊客戶推薦

再購，意指再買。再購率要每個月檢視一次。檢視方式有二：

一是以上個年度的總客戶數作為分母，再以今年截至目前的購買客數作為分子。求出來的值，在 1 月會很低，之後才愈來愈高。

　　二是以今年截至目前的購買客數作為分子，與上年同期作比較，檢視成長率。

　　當我們知道再購率有多少，要提升再購率，著力點就在頻度、舊客戶回購、舊客戶推薦。

　　頻度，意指交易頻度、下單頻度。我們要算出每個月下單的客戶數有多少，占比是多少；兩個月下單一次的客戶數有多少，占比是多少；三個月下單一次的客戶數有多少，占比是多少；不定期下單的客戶數有多少，占比是多少。

　　求出下單頻度後，把不定期下單的客戶變成定期下單的客戶，業績就上來。把三個月下單一次的客戶變成每個月下單的客戶，業績就上來。把每個月下單的客戶變成開年單的客戶，在 1 月拿到年單，之後的 11 個月，業務團隊就可以全力開發新客戶。

　　舊客戶回購，意指舊客戶再購。它可以用來檢視業務的客情經營用不用心。當舊客戶再購率高，就意味著這個業務有用心。反之就意味著這個業務坐以待斃。

　　舊客戶推薦，是銷售的最高境界。它的使力最輕鬆，通常客戶介紹的客戶幾乎都能成交。我們可以在做好服務後問客戶滿不滿意。若是客戶滿意，就請他介紹客戶。如此客戶介紹客戶，不需要砸大錢打廣告，業績就上來。

E　業績達成率

1. 進度
2. 成長
3. 促銷
4. 產品

　　進度，意指截至本日的進度達成。成長，意指與上年同期比較的進步成長。兩者都可從銷售日報表查知。

業績	A	B	C	D	合計
本日小計					
昨日累計					
本月累計					
本月目標					
本月達成率					
上月止累計					
年度累計					
年度目標					
年度達成率					
上年同期					
成長率					

從「本日小計＋昨日累計」就可得知截至本日的進度。

從「本月累計÷本月目標」就可得知本月的達成率。

從「年度累計÷年度目標」就可得知年度的達成率。

從「年度累計÷上年同期」就可得知成長率。

進度達成，要 100% 才合理。沒有 100%，就要抱持今日事今日畢的心態，把落後的進度趕上來。

以業務主管而言，橫向的 ABCD 可以是業務人員別、業務單位別、店櫃別或產品別。一經統計，我們就可得知其中的變化是如何。最後再作合計，就是總業績。

管理上，業務主管是管到業務個員，經營決策層是管到事業單位。管法是先檢視全公司的業績進度有沒有達標，再檢視各事業單位的業績進度有沒有達標。沒有達標就責問該事業單位主管，要求該事業單位主管提出改善對策。

若以業務個員觀之，橫向的 ABCD 可以是 A 類產品、B 類產品、C 類產品、D 類產品、總業績，乃至客戶開發數、客戶成交數、帳款回收額。

這張銷售日報表是業務拿來自己管自己用的，因此裡面的數字要自己填，才會冷暖自知。

促銷，意指為了業績達成，必須促銷推廣。促銷可分成行銷促銷與業務促銷。兩者的不同在於：業務促銷與業績、價格有直接相關；行銷促銷則與業績、價格沒有直接相關，而與感動、認同、指名有直接相關。

促銷要做好，只要落實「季季有主題、月月有活動、日日有重點」的準則就好。

產品，意指業績達成後，還要檢視產品別的結構業績有沒有達成。產品別的結構業績要達成，IPO（國際採購）比自製快。只要「我賣的不一定是我做的」，業績就倍增。若是「我賣的一定是我做的」，業績就很難倍增。

當然，相較於 IPO 引進一堆產品，最重要的是 PM（產品規劃）引進對的產品。PM 引進對的產品，業務團隊銷售才容易達成業績。

F　帳款回收率

1　應收帳款率

2　帳齡分析

3　逾期帳款

應收帳款率，公式如下：

應收帳款率＝應收帳款金額÷業績金額

標準值在 100% 以下，管控重點在應收帳款不能大於當月業績。

帳齡分析，管控重點在運用 Excel 製作成「應收帳款帳齡分析表」，示意如下：

客戶名稱	30↓	31~60	61~90	91~120	121↑	合計
甲						
乙						
丙						
丁						
⋮						
合計						

縱向放客戶名稱，橫向放帳齡，然後把所有客戶的應收帳款金額依據帳齡填入各個區間，接著每週、每月檢視各個區間的客戶有誰，應收帳款金額有多少，只要帳齡超過 30 天，都

視為逾期帳款，如此一經統計，我們就能得知公司的逾期帳款有多少。

　　而逾期帳款就意指超過約定付款日的應收帳款，在外銷產業稱 Overdue，管控重點就是逾期帳款率必須等於零。逾期帳款率的公式如下：

逾期帳款率＝逾期帳款金額÷業績金額

　　這也意味著當我們有做帳齡分析，就能做好帳款管理的動作，而不會發生損益表顯示賺錢，結果卻因資金周轉不靈而黑字倒閉。

　　換言之，損益表顯示賺錢，多是賺在應收帳款與存貨。當業績做了，應收帳款卻回收不順，或亂買貨、亂進貨，造成庫存增加，公司就會因為資金都積壓在那裡，一時調度困難而黑字倒閉。

　　如何警惕？以應收帳款而言，就是不能有逾期帳款。以存貨而言，就是庫存總金額要低於月平均營業額。若是庫存總金額高於月平均營業額，就意味著公司存在黑字倒閉風險，不能再亂買貨、亂進貨。

G　信用額度管理

　　當我們想要做到生意，又不想被倒帳，就要做信用額度管理。

　　信用額度管理就是先建立公司的帳款制度，再確立客戶的約定付款日，之後在銷售管理上就可以為每個客戶建立一個信用額度（Credit Line），給客戶一個賒帳的安全額度。其計算方式如下：

　　信用額度＝月平均交易金額×（1＋N）

　　1 意指當期帳款，N 意指票期，例如月結 3 個月，N 就是 3；月結 4 個月，N 就是 4。

　　倘若某客戶的月平均交易金額是 20 萬元，付款方式是月結 3 個月，套用公式的結果，就是給該客戶的信用額度（累計總數）為 80 萬元。

　　200,000×（1＋3）＝800,000

當該客戶的應收帳款與應收票據總計未達 80 萬元，我們就可以繼續跟他交易。當該客戶的應收帳款與應收票據總計達到 80 萬元，我們就要停止跟他交易。

若是第一次交易客戶，信用額度通常都是預估。以內銷而言，通常要做 3 個月才能給暫定的信用額度，直到半年後再作信用額度的調整。

這個公式對經銷行業與長期交易屬性行業的外銷管理非常重要。零售流通業則因為都是現金交易，因此不需要用到此公式。

另外，要建立公司的帳款制度，可以系統化，如此更方便業務主管做信用額度的管控，亦即帳款制度系統化後，當某客戶的應收帳款與應收票據超過信用額度，業務要打出貨單就打不出來，必須把應收帳款收回來，讓系統顯示又有額度，要打出貨單才打得出來。

補充說明的是，業務≠行銷。業務是地面部隊，行銷要提供作戰方案與槍支彈藥給業務實施地面作戰。行銷是為了讓產品「好賣」，業務是為了把產品「賣好」。行銷是運籌帷幄，決勝千里，業務是近身肉搏，你死我活。行銷是戰略規劃，業務是戰術執行。行銷是大腦，業務是手腳。

行銷要把目標客群找出來，讓業務聚焦攻堅。業務可以向行銷反映市場實況是如何，行銷就把市場實況作一整理解析，提出對策，交給業務聚焦攻堅。因此，業務不能孤軍奮戰，要有行銷通力合作。業務若是孤軍奮戰，就意味著行銷職能有了缺失。

當公司沒有行銷團隊，只有業務團隊，業務主管就要扛起行銷職能。當公司只有業務團隊，沒有業務主管，老闆就要扛起行銷職能。

產銷會議

 **經營管理的職責**

一 經營決策層的職責

A 規劃產銷政策

1 確認自製與外購

2 確認存貨周轉率

3 確認產銷流程

產銷政策可分成產的政策與銷的政策。其中，產的政策不是製造業才有，買賣零售流通業也要有。廣義而言，產就意指備貨。自己做，是產；買進來，也是產。

第 1 點是經營決策層要確認公司的產品是來自自製或是外購。自製，意指自己搞工廠，自己做。外購，意指自己不搞工廠，用買的。

通常上游原物料、零組件產業一定要自己做，但是中游半成品產業與下游成品產業就不需要自己做。正如蘋果、3M、飛利浦的產品沒有一樣是自己做，都是交給代工廠做，一樣能從 Nobody 變成 Somebody。

第 2 點是經營決策層要確認公司的存貨周轉率，為此就要控制存貨的金額、數量與占比，不能無視地任它任意膨脹。若是無視地任它任意膨脹，最後就會因為存貨太多，導致損益表顯示賺錢、實際上卻因現金周轉不靈而黑字倒閉。

第 3 點是經營決策層要確認公司的產銷流程，建立產銷流程的 SOP。因為沒有 SOP，就會公說公有理，婆說婆有理，結果成立公司的人（老闆）最沒道理，因為他成立了一個讓大家爭吵、對立、推責的公司，導致公司內耗嚴重。

B　建立產業鏈

1　整合上下游
2　建立物流策略
3　導入自動撥補機制

產業鏈，意指產業的上游、中游、下游、末端。上游，意指原物料、零組件。中游，意指半成品、設備類。下游，意指成品。末端，意指通路、賣場。

第 1 點是經營決策層要做好組織規劃，清楚公司的上游是誰、下游是誰，然後將之整合在一起，讓彼此不是各自為政、只求我贏你輸、我好你不好的買賣關係，而是共利共享的夥伴關係，如此就不會有產銷不順、品質不穩的問題。

第 2 點是經營決策層對公司內部生產線從資材倉到製造現場的過程，及進出貨的過程，要建立清楚的遊戲規則與 SOP。如此，執行者才不會各行其是，造成 10 個執行者就有 10 個規則，導致產銷運作亂成一團。

第 3 點是經營決策層要導入自動撥補機制。換言之，整個物流流程如下：

末端是需求者（消費端，配送端），供貨給需求者的上游是零售者（店櫃，小的零售點），供貨給零售者的上游是經銷

者（大的統倉，配銷商），供貨給經銷者的上游是供應者（資材倉，成品倉）。

資材倉，意指原物料、零組件。成品倉，意指成品。配銷商，意指集貨。店櫃，意指連鎖店與百貨公司專櫃。配送端，意指物流。消費端，意指 B2B 或 B2C。

自動撥補機制就是用在上游對下游，因此上游要了解下游的需求。若以內部作業而言，資材倉對成品倉也適用自動撥補機制。

操作方式是：上游給下游配置一個基本量，這個基本量就是安全存量。之後永遠掌控下游的消費量、使用量、銷售量，最後就可以是下游有多少消費量、使用量、銷售量，上游就給下游多少撥補量，順便收款。

基本配置量 ➡ 消費量 / 使用量 / 銷售量 ➡ 撥補量

正如我們的下游是經銷商，我們就在經銷商那裡存放一個基本量，之後，經銷商賣了多少，我們就補上多少。這就是自動撥補機制。

　　換言之，自動撥補機制其實就是寄賣（Consignment）的概念。實施起來不難，只要做好第一步給下游配置一個基本量的動作，之後頭過身就過。

　　早年（日治時期到光復初期）的台灣其實就有自動撥補的概念。當時生活艱困，每戶人家都習慣自備各種成藥，放入藥包袋，掛在牆上，以備不時之需。

　　這個習慣就發展出「放藥包」的特殊行業，每個月都會有放藥包的業務代表來到家裡，自行打開藥包袋，查看裡頭少了幾包藥，然後自動補上那幾包藥，順便收款。這就是自動撥補的概念。

　　台塑集團創辦人王永慶小時候賣米，也是運用自動撥補的概念，把賣米事業做大。換言之，他會記錄他的客人家裡有多少人、一個月吃多少米、米缸容量有多大，依此推估他的客人下次買米的時間大概在什麼時候，然後在客人的米該吃完了的時候主動送米上門。

　　我過去主持一家連鎖業公司，也是導入自動撥補機制，讓庫存降低 2/3，只剩 1/3，業績翻了 17 倍。

　　我過去主持一家製造業公司，自動撥補機制的操作方式則是把第一批貨拉到客戶的倉庫寄賣，與客戶電腦連線，客戶領

用多少料，電腦連線就知道，接著就可以定期自動撥補，由海外廠就近供貨給客戶，順便請款。

例如安全存量有 1000 PCS，客戶在 7 月用了 500 PCS，我在 8 月就補 500 PCS 給他，讓他永遠有 1000 PCS 的存量，順便請款 500 PCS 的錢。因為貨是放在客戶的倉庫寄賣，因此他的生意永遠會是我的，我不必與同業競爭。

若以內部作業而言，我是讓台灣總廠做關鍵零組件，再運到海外廠做成品加工，就近供貨，如此，海外廠的庫存有多少就永遠都在總部的產銷統合部掌控之中，我只要掌控總部的產銷統合部就好。

自動撥補的系統，市面上沒有販售，它是以 CRM 與 MRP 作為資料庫，寫出來的一個外掛小程式。CRM 是銷貨系統，管的是客戶端。MRP 是採購系統，也是倉儲管理的依據，管的是資材倉與成品倉。

C　主導大產銷會議

1　確認目標與預估
2　主導大生管政策

3　掌控準點與準確指標

　　大產銷會議的主席是 CEO，生管、商品採購、行銷、業務主管都要出席。

　　大產銷會議中，經營決策層要確認業務主管提出的銷售目標與銷售預估。其中，業務主管提出的銷售目標不能只有一個總數，至少還要拆解出產品別的結構目標，再交由 CEO 拍板定案，如此後續的生產計畫、採購計畫才知道怎麼排定，生產與採購才會順遂。

　　大產銷會議中，經營決策層要主導大生管政策。生管是製造業用詞，在買賣業稱商品採購，PM（Product Management）就是大生管。生管單位是備貨單位與需求（業務）單位的調節窗口，生產線要聽大生管的，大生管要做生產計畫的規劃與管控，讓產品順利投產與出貨。

　　製造業的大生管是要排定生產排程給生產線做。買賣業的大生管是要備貨給需求單位用，讓需求單位可以在不斷貨的情況下創造業績。

　　大產銷會議中，經營決策層要掌控準點與準確指標。準點意指交貨準時，到貨準時，出貨準時。準確意指數量正確，品質正確。

二　管理階層的職責

A　強化產銷協調

1　確認銷售預估

2　進行小產銷協調

3　掌控訂單交期排程

　　第 1 點是業務主管要提出銷售預估，生管主管要依據業務主管提出的銷售預估量，備足安全存量，避免斷貨。

　　第 2 點是部門主管承接了經營決策層的決定，就要落實執行。落實執行時，若是遇到產銷不順，就要主動出面協調，而不是視若無睹。

　　通常當公司產銷混亂，協調不順，就要每天開一次小產銷會議。當公司產銷半亂，協調有點順了，就可以改成每週開一次小產銷會議。當公司產銷不太亂，協調很順，就可以改成每個月開一次大產銷會議。

　　小產銷會議是由部門主管主導，跨部室的小產銷會議則由生管主管主導，買賣業的小產銷會議則由 PM 主導。

第 3 點是生管主管要規劃生產排程，生管主管規劃生產排程時，不能只考量到生產線，還要與訂單交期作結合。掌握訂單交期排程是生管的職責，而不是倉儲的職責。

B　降低物料成本

1　模組化策略
2　自動化策略
3　標準化策略

模組化策略，意指我有 100 個品項（SKU），這 100 個品項就要有 60% 的結構是一樣的，可以共用。

共用料多，差異料少，備貨就簡單。共用料多，可以大量採購，以量制價，成本就降低。共用料多，生產線好做，品質就穩定。共用料下，生產不是從零開始，而是從 60% 開始，交貨就快速，還容易做出多元性組合的客製化產品。

模組化，其實就是標準化。這是研發商開的職責。研發商開應該讓產品結構模組化，而不是 100% 差異化。若是 100%

差異化，就得不到成本降低、品質穩定、交貨快速、客製化容易的效益。

自動化策略，意指設備自動化與資訊系統化。設備自動化下就能擴增產能，維持品質，降低耗損，減少人工作業的出錯與重工，擺脫對大量勞動力的依賴。

資訊系統化下，主管就不必到場管理，可以遠距管理，只要把管理報表上傳到雲端，就能無遠弗屆地用手持裝置（智慧型手機、平板電腦）作管控，不怕失控。再者，公司要國際化與集團化，也能水到渠成。

中小企業要自動化，礙於資金有限，不容易一步到位，只能循序漸進。如何循序漸進？可以是先對生產線的作業流程做合理化評估，評估哪個工作站的作業流程可以用自動化設備取代。可以取代者，就先局部取代，變成半自動化，之後再設法全面取代，變成全自動化。

標準化策略，意指組織八大功能（行人生財研總資管）的所有作業流程都要建立 SOP，讓這個作業，不管誰來做，只要按 SOP 做，都不出錯。

這也意味著有 SOP，就要遵循，不能違規，不能按自己的主張為所欲為。按自己的主張為所欲為，就是違反 SOP。違反 SOP，公司就會亂象叢生。

C　降低存貨值量

1. 控制存貨總值在 0.8~1.2 倍
2. 每月管控處理呆滯存貨
3. 產線與物流採自動撥補管理

值，意指價值、金額。量，意指數量。

第 1 點意指存貨總額要控制在月銷額的 0.8~1.2 倍，亦即存貨總量最多只能是月銷量的近一倍。

若要做到零庫存（即今天生產，明天出貨）經營，就要善用外購，亦即我們專精做周轉率高、量大的產品就好，周轉率低的產品不要自己做，直接外購。直接外購，就可以是對方生產，對方備庫存，我用，我指定。

這時我的著力點就在 PM（產品規劃），亦即我要規劃什麼產品要 Phase in，什麼產品要 Phase out。正如我過去主持一家買賣業公司，接手前有 130 多個品牌代理，接手後我把 90 多個品牌代理切出去作經銷，只賺 5% 的轉手費，營業額就立刻從 4 億元倍增至 21 億元。

我並不擔心品牌代理切出去作經銷後，與原廠的關係會生變。因為我對原廠的承諾都有做到，這個關係就會是我的，不

會是經銷商的。若是擔心與原廠的關係生變,對策可以是要求經銷商掛我們的招牌,扮成我們的關係企業。

第 2 點意指呆滯存貨放太久會造成資金積壓,放到最後賣不掉,只能丟掉,也會造成公司損失,因此一有呆滯存貨就要立刻清掉。

這是業務、行銷、資材倉儲的職責,要掛 KPI。資材倉儲雖然不負責銷售,但要追蹤,逼業務就範。資材倉儲若是沒有掛 KPI,就會無關痛癢,任由呆滯存貨愈積愈多。

第 3 點意指無論是生產線(資材倉發料到製造現場)或物流(從倉庫出貨到客戶端),無論是內銷或外銷,當政策決定導入自動撥補機制,相關單位就要落實執行,庫存才能快速減少。

以供應者內部而言,自動撥補機制是資材倉發料,不准生產線領料,生產線就能專注做好生產的工作。

以供應者→經銷者或供應者→零售者而言,自動撥補機制是總部供貨,不需要經銷商與店櫃訂貨,經銷商與店櫃就能專注做好銷售的工作。

以供應者→需求者而言,自動撥補機制是我們備貨,不需要客戶囤貨,客戶就會感恩我們,對我們不離不棄。

D　提升採購效益與形象

⊡　運用年量估訂與批量出貨策略

⊡　加強上游與外包管理

⊡　建立共好協力中衛體系

提升採購效益，意指我們如何訂購一個基本量來產生最大效益。

提升採購形象，意指不要讓人在我們背後貼標籤，讓我們既沒面子，也被人瞧不起。

第 1 點意指我們不能一張少量單就要向供應商殺價，應該下年單給供應商，再請供應商支持我們分批出貨，如此，不需要我們殺價，供應商就會自動降價。

換言之，我們要向供應商保證我們這個年度會跟他買多少量，但是技巧上我們給的年量要打 85 折，亦即我們的年度目標若是 100K，我們就要向供應商保證我們會買 85K。

因為我們只買 85K，當市場大好，到了 9、10 月一定會用完，如此就可以追加。當供應商看到我們追加，對我們的印象就會很好，這時我們再問他：「我現在又追加了！你怎麼支持我？」他給我們的報價就會再降一點點。

之後為了讓他好做，我們可以請他依照他的生產計畫分幾個批次出貨給我們。例如我們給的年量是 100K，請他分 4 個批次出貨給我們，他的一次出貨量就是 25K。

因為我們給的是年量，讓供應商確保了一整年的量，容易備貨，採購也便宜，他給的報價就會很漂亮。之後再讓他依照他的生產計畫出貨給我們，他的生產線好做，他也會願意囤積庫存支持我們。

第 2 點意指公司產品哪些要自製、哪些要外包、哪些要外購，生管主管要管控好，確保準點與準確。

若要管控供應商的交貨準點與準確，確保不斷料，可以是請供應商每天提交生產日報表，生管主管每天檢視它的產能與原物料。

第 3 點意指我們對供應商不能抱持「我贏你輸，我好你不好」的心態一味欺負他，應該賺到錢就回饋，與他合作來共創利潤、共享利潤，關係才不會說斷就斷。

若是一味欺負他，把價格殺到讓他沒肉吃，沒肉湯喝，甚至沒骨頭啃，他就會反彈。他的反彈，除不配合我們外，還會把我們貼上 Mr. / Ms. Discount 的標籤，讓我們名揚全世界。從此，我們要採購，所有供應商就會拉高價格讓我們殺，讓我們殺到很低，他們還有賺。

E 加強效率與向心

1. 建立 EIP 公告板公開訊息
2. 注意耗損與品質管控
3. 加強標準與簡化改善

第 1 點意指公司要建立 EIP（Enterprise Information Portal；企業資訊平台）。EIP 就是公告板，我們要把很多作業工序公開在 EIP 上，不要當作秘密，等團隊來問。當作秘密，等團隊來問，就是背離雲端時代的主流。

當整個生產排程，包括 OEM 接單現在跑到哪個流程，都放到 EIP 上，要知道生產進度，就先上 EIP 查看，EIP 上查看不到，再打電話問，如此就不會把時間都耗損在「有問題就打電話問，結果一問就引起紛爭」上。

第 2 點意指生產、採購單位要注意耗損與品質的管控，作業一次就做對，不要做了好幾次才做對。因為做錯一次就要重工，重工就是耗損。

當然，耗損與品質的管控不只有生產採購作業才有，行政作業也有，銷售作業也有，研發作業也有。

　　以銷售作業為例，就是業務與客戶談生意，談一次就接到單，不要談了好幾次才接到單。再者，就是要產品賣了錢先收到，不要產品賣了錢收不到。

　　第 3 點意指包括生產、採購、物流、銷售、研發、行政在內的所有作業流程都要建立 SOP，使之標準化。因為有 SOP 標準化，品質就穩定，成本就降低，交貨就不易延遲。

　　當然，除 SOP 標準化外，還要思考如何不斷精進。例如過去要 4 個步驟才能完成的工作，我們現在就要思考如何把它變成 3 個步驟就能完成。

　　而要做到不斷精進，現場主管就要當責。因為只有現場主管才知道實際的作業情況是如何。現場主管若是不當責，只會遮掩，情資就會中斷，造成經營決策層決策誤判。

　　這也可見，主從上下之間的溝通管道要順暢，才不會造成情資中斷。而如何讓主從上下之間的溝通管道順暢？使用雲端裝置與即時通訊軟體（諸如 LINE）就可以無遠弗屆地即時傳遞訊息。

 **經營管理的內容**

　　無論是製造業，或是買賣零售流通業，標準的產銷管理流程設定清楚，大家開會才不會對立衝突不斷。標準的產銷管理流程（SOP）如下：

| 銷售預估 | 生產計畫 | 物控分析 | 物料需求 | 檢視存貨 | 補料需求 | 採購計畫 | 進貨檢驗 | 入庫盤點 | 出貨 |

　　第一步是業務主管提出銷售預估。有銷售預估，生管才能依此提出生產計畫。若是買賣零售流通業，要提的就是備貨／辦貨計畫。

　　若是個人，要提的就是行事曆。當行事曆排定，腦袋就會有標準動作，知道每週一上午要做什麼，下午要做什麼；每週二上午要做什麼，下午要做什麼；每週三上午要做什麼，下午要做什麼……。做久了，就熟能生巧。

　　因為銷售預估與生產計畫是 Trouble Maker，沒有篤定，後頭就亂，因此對於銷售預估與生產計畫，不能無視、不做或亂做，要做對才是。

　　有生產計畫，就要進行物控分析，亦即生產計畫排定後就有工單，工單是根據品號，有品號就有 BOM 表，有 BOM 表就有料號，有料號就有物料需求。有物料需求，就要拿來與資材倉的現有存貨相比對。一比對，就知道有什麼料不足，需要提出補料需求。

　　有補料需求，就要根據 MOQ（經濟採購原則、經濟採購量）訂定採購／外購／外包計畫。因為供應商一個 Lot 的產量若要 3000K，我們只買 100K，供應商就不會賣，必須買一個 Lot，供應商才會賣。

　　再者，採購計畫是用在資材採購，外購計畫是用在成品貼牌，外包計畫是用在代工成品或半成品。生管要決定公司產品哪個要外購，哪個要外包。決定好、計畫好，就可以依此下單給供應商備貨、交貨，進行供應商管理。

　　供應商交貨，就要進行進貨檢驗（IQC，或稱內檢、到貨驗收）或外購檢驗（OQC，或稱外驗、赴廠驗貨）。檢驗合格了，就可以準備出貨。出貨了，就涉及物流管理，也要與一開始的銷售預估作印證、核對來改善、精進。換言之，出貨量要等於銷售預估量，庫存才會少。

A　銷售預估

1　客戶購買週期（頻度）
2　結構業績目標拆解
3　產品與客戶交叉分析
4　公司 SP 策略活動

　　銷售預估怎麼做？依據有四：一是客戶購買週期。客戶購買週期是從 CRM 與 ERP 拉出資料來整理分析。若是沒有 CRM 與 ERP，就以 Excel 人工加工的方式來整理分析。

　　亦即，縱向放客戶名稱，橫向放月份。A 客戶若在 1、3、5、7、9、11 月有下單，就在該月份的欄位上填上下單金額。示意如下：

客戶名稱	1	2	3	4	5	6	7	8	9	10	11	12	合計
A	$1		$2		$3		$4		$5		$6		
B													
C													
D													
E													
F													
G													
⋮													
合計													

　　若是擔心下單金額只拉 1 年的數據來填不精準，就拉 3 年的數據來填。

　　因為客戶下單都有習性，特別是 OEM 客戶，生意好的客戶會每個月都下單，生意不好的客戶也會以 MOQ 下單，因此依此準則整理出上表，就可見每個月下單的客戶有誰、兩個月下單的客戶有誰、季度下單的客戶有誰、不定期下單的客戶有誰，加總起來就是總客戶數。

　　接著把這些客戶維持住，根據客戶下單頻度，盯死業務團隊：「為什麼這個客戶這個月還沒有下單？」業績就確保。之

後再思考如何把不定期下單的客戶變成定期下單的客戶，如何把季度下單的客戶變成兩個月下單或每個月下單的客戶，業績就成長。

接著再思考如何把每個月催款變成三個月催款一次，乃至一年催款一次，客戶就不會因為每個月被催繳而不爽而流失，我們未來的訂單也可以提前確保，讓我們的業務團隊有空檔時間開發新客戶、接新訂單。

雖然要讓客戶變成一年繳費一次，要給很多好處，利潤或許會變少，但是比起擔心利潤會變少，有更多時間來開發新客戶、接新訂單，得到的效益會更大。

若是客戶有定期下單頻度，要維持他的下單頻度，不讓他生變，方式就不是時間到了才提醒他，而是時間快到之前就提醒他。

提醒他的方式不是直接問他：「要不要下單？」這是強推強銷的行為，成功率不高。應該引導他：「要趕快下單喔！因為我們的生產線即將滿檔，我很擔心你會斷炊，你可能要進一些貨來救急。」

若是客戶的下單量少於上年同期，則可以提醒他：「根據我們的統計，你過往都是下 2000 PCS，如果你現在只下 1000 PCS，那麼可能只能撐 1 個月。」若是客戶回說：「不會啦！

我們還有 1000 PCS。」我們至少也得知了客戶的實際庫存有多少。

另外，我過去主持的一家連鎖業公司為了鼓勵客戶來店再購，會定期發送簡訊給客戶。定期發送簡訊的依據也是客戶購買頻度。

二是結構業績目標拆解，亦即業績目標若是 5 億元，我們就不能只看這個總數，為了做到這個總數而亂接單，必須作結構拆解。最基本的拆解就是產品別，其他拆解還有區域別、客戶別、通路別。

時間上，只要拆解到月（即 1~12 月）就好，不必拆解到週或日。

如何拆解？以產品別為例，倘若業一部每個月要做 2000 萬元業績，就要拆解出 A 類產品要做多少萬元，多少量；B 類產品要做多少萬元，多少量；C 類產品要做多少萬元，多少量……。

當然，除做出結構業績目標拆解外，還要做出對的結構業績目標拆解。為此，就要設定一個「銷售預估準確率」的 KPI 來作要求，業務主管做結構業績目標拆解才不會敷衍了事。而有做出對的結構業績目標拆解，生管單位就容易規劃出對的生產排程。

三是產品與客戶交叉分析，亦即要做出銷售排行榜，並且這個銷售排行榜要分成產品別排行榜、區域別排行榜、客戶別排行榜、通路別排行榜，同時進一步拆解成銷售量排行榜與銷售額排行榜。四大類別排行榜整理出來後，就是四擇二進行交叉分析，使之更精準。

排行榜 → 產品別 區域別 客戶別 通路別 → 數量 金額 → 交叉分析

若是公司 OEM 產品差異化太大，做不來交叉分析，就要從 OEM 升級到 ODM。有 ODM，就可以模組化，讓產品差異化的部分變小。

四是公司 SP（Sales Promotion）策略活動，亦即 SP 活動不會是銷售排行榜的常態，但會影響備貨，因此年度計畫要做SP 活動目標的設定，並且這個目標值的設定不能拿去年的數字加加減減，必須拿今年或明年的市場情況與 SP 活動規劃來推估，精準度才高。

　　而 SP 活動規劃清楚之餘，我們還要知道我們要在什麼時候引導客戶下什麼訂單。引導話術可以是：「你的同業買了這個商品之後，業績都有提高，因此你買了這個商品，業績也會提高。」

B　生產計畫

1　確認次月生產計畫
2　預估未來三個月排程

　　確認次月生產計畫，意指要 Reconfirm（再確認）原訂的下個月生產排程有沒有要修正。

　　當生產排程確定了，業務看到他接的訂單已經排定了生產排程，就會放心。當生產排程確定了，生管、製造現場、資材就要落實執行。沒有落實執行，就是失職。

　　因為生產排程攸關安全存量，因此只要生管確定了下個月的生產排程，業務就不能再更動，只能 Reconfirm。業務要更動，只能更動未來 3 個月的生產排程。

換言之，生管已經把下個月「何時會產出什麼產品，與現有庫存相加後，有多少量可以賣」的生產排程公告出來給業務知曉，業務就只要賣這個量就好。

為什麼？因為銷售預估是業務主管提出的，生管是根據銷售預估來排定生產計畫的。

這也可見，生管只要抓住準則，生產排程就不難做。這個準則就是每週有一個時段可以插急單，插急單的前提是有料，有料才能插急單，沒料不准插急單。該時段若是沒有急單，就是把後面的訂單往前順移。

這也可見，訂單的生產排程只會提前，不會延後。若有延後，就意味著管理出問題。生管若是立場把持不住，願意放水給業務隨便插急單，給人方便就是給自己不便。

C 物料計畫

1 由生產計畫展物料需求

2 規劃物料備貨計畫

3 注意外購交期

4 採主動發料制

　　有生產計畫，就可以根據 BOM（Bill of Material）表展出物料需求。這也可見，BOM 表是關鍵，我們要從 BOM 表來標準化、模組化產品，使之有 60% 的共同備料，如此，生產才會好做，品質才會穩定，成本才會降低。

　　而根據 BOM 表展出物料需求後，就要進行採購動作。有採購動作，就要思考規劃安全庫存要放多少。合理值是月銷量或月銷額的 0.8~1.2 倍。有這麼備貨，當銷售量突增一倍，我們就還能供貨，不會斷貨。

　　不必擔心這樣的備貨量會占很大空間，只要會用外部資源就能迎刃而解。例如做國際市場，貨不是備在台灣，而是備在海外的 B/W（Bonded Warehouse）。備在海外的 B/W 來就近供貨，就可以縮短交期，贏得大量訂單。

　　這也可見，採購動作無論是從外面買，或是從國外買，都要注意交期。特別是從國外買，交期通常都要 3~6 個月，這個部分要估算好，才不會遇到斷貨的問題。

　　當然，除此之外，還要注意到不可控制因素。不可控制因素包括戰爭、氣候變化、各種災害造成物料短缺、供應國罷工問題。這些也會影響交期。

若是一次外購，大量進來，倉庫放不下，當供應商一個 Lot 投產下來就是 3 個月的量，對策就可以是請他每個月分批出貨 1 個月的量，而不是一次出貨就是 3 個月的量。

這樣的操作方式意味著第一個批量在我們線上賣，第二個批量在我們倉庫，第三個批量在海上，第四個批量在裝運，第五個批量在供應商倉庫，第六個批量在供應商投線生產，週期是 6 個月在跑，我們的貨就永遠都不會斷。

若是突然間賣得很好，就把庫存清掉，再告訴供應商，我們最近業績很好，請他在下個月出貨時多裝多少量，這個多裝的量就是庫存量。

若是倉儲管理要有效掌控耗損，就是採行主動發料制。主動發料制應用在製造業就是不准生產線領料，永遠都是資材倉發料。

換言之，主動發料制就是工單出來後，資材倉根據工單主動備料、主動發料（標準用料）到生產線，如此，生產線料用多少，BOM 表就可以管控得很精準。生產線若是不夠用，就拿補領料單來補，這時補領料就是耗損料，補領料有多少，我們就知道耗損料有多少。

我過去輔導一家製造業公司，就是把倉庫改裝成超市的樣子，導入主動發料制後，就是發料員接到工單，就按工單推著

推車揀貨，揀好貨後就交給收銀櫃台位置的倉管員看包（都是標準包，例如一包螺絲 1000 顆）統計，主動發料，如此，發料就準，倉管員也不需要那麼多人。

D　採購／辦貨計畫

1　信守採購 ABC 準則
2　嚴守標準品年購與分批出貨準則
3　重視經濟採購原則
4　注意特殊少量採購原則

　　採購是採購原物料，辦貨是辦 Finished Goods，採購／辦貨計畫如何規劃？

　　一是信守採購 ABC 準則，亦即採購要注意下單時間點，要了解什麼是期貨，要在 3~6 個月前下單，下單量是多少；什麼是月訂貨，要每個月下單，下單量是多少；什麼是隨叫就有貨，不必備貨，可以臨時下單，下單量是多少。

　　二是嚴守標準品年購與分批出貨準則，亦即採購要會談年單，分批出貨，如此才能拿到優惠價。而要能談年單，就要達

到一個基本經濟量。如何達到一個基本經濟量？就是要做到標準化、模組化，以及精準度高的銷售預估。

三是重視經濟採購原則，亦即採購要知道供應商一個 Lot 或一張工單跑一個製程時段的產量是多少，然後下單就下這個基本經濟量，如此，供應商好做，才會接單。

若是硬要下少量單，成本就會暴增很多，因為做 100 PCS 和做 1000 PCS 的工是一樣的，報價是一樣的。當然，也不要下少量單還要殺價，這樣就很不厚道。

四是注意特殊少量採購原則，亦即特殊少量的採購因為量不大，因此要找配合很久的供應商下單。

若是我們量大的採購都找供應商 A 下單，肥水都給供應商 A 賺，量少的採購才找供應商 B 下單，逼死供應商 B，供應商 B 就不會接單。即便會接單，配合度也不高，有貨會說沒貨。要他趕貨，他就會說趕貨要加錢，而我們為了如期拿到貨，就只能任他宰割。

E　產銷協調事項

1　不協調時的每日會議

2　每週產銷會議

3　生管排程的進度公告

4　所有作業應信守 SOP 準則與規範

　　當產銷不協調、很亂，就要每天開小產銷會議。當產銷有點順了，就可以每週開一次小產銷會議。當產銷很順了，就可以每個月只開一次大產銷會議。

　　產銷會議的會議通知與會議記錄示意如下頁。議程中的報告事項包括：

①　上月銷售預估執行成效

②　次月生管排程確認

③　未來三個月預估排程

④　資材備料與備貨報告

⑤　客訴件處理報告

上月銷售預估執行成效是要把銷售預估準確率追查出來。

次月生管排程確認是大生管要對業務承諾的事情。

未來三個月預估排程是業務要對生管承諾的事情。

資材備料與備貨報告是要檢討資材倉的庫存情況。

PLUS 會議記錄

會議名稱	產銷會議		
時間		地點	
主席		記錄人	
出席人			

會議議程	決議內容	待辦事項
A · 上次會議待辦事項 B · 本次議題 1 · 布達事項 2 · 報告事項 ① 上月銷售預估執行成效 ② 次月生管排程確認 ③ 未來三個月預估排程 ④ 資材備料與備貨報告 ⑤ 客訴件處理報告 3 · 討論事項 ① 提升產銷協調效益 ② 品質要因分析與改善 4 · 臨時動議		

　　通常根據「次月生管排程確認」與「未來三個月預估排程」進行備料備貨，生管、製造現場、業務就會知道貨料有沒有齊全。沒有齊全就要提出對策，確定何時補齊。

　　客訴件處理報告是要注意報告完後，大家不能為了私利與尊嚴，堅持自己的想法，互槓互罵，推諉塞責，應該做要因分析，找出問題根源在哪裡，釐清它的責任歸屬，要求負責單位改善。

　　換言之，管理法則告訴我們，不要怕犯錯，不要怕出問題狀況，不要怕客訴件，要正視它，痛定思痛地檢討與除錯。比起推諉塞責，最重要的是解決問題。

　　若是客訴件的問題來自人為疏失，就要 1 天內解決它。若是客訴件的問題來自技術，就要 7 天內予以回應。因為好事在家裡，壞事傳千里，因此有客訴件，絕對不能拖。拖愈久，問題就愈嚴重。

　　議程中的討論事項則包括：

① 提升產銷協調效益

② 品質要因分析與改善

　　提升產銷協調效益，最高境界就是零庫存、不斷貨、不缺貨、準點。

　　品質要因分析與改善，工具是魚骨圖，以人事時地物來分析，分析出結果，就要提出改善對策，才有價值。

　　除此之外，產銷會議要使用的表單主要有「產銷會議彙總表」與「物料需求管控表」。產銷會議彙總表，又稱「大產銷表」，格式如下：

月份：　　　　　　　　　　　　　　　　　製表人：

品號	品名	上年同期銷量	前三個月銷量	上月銷量	預估未來三個月需求	次月預估量	目前庫存	已訂在途量	應補數量	預計採購量	備註

　　產銷會議彙總表適用於成品，適用於所有行業。各欄位之間的關係是：

　　每個成品都有一個品號，有品號就有品名，有品名就有銷量，有銷量就有預估量。有預估量，比對目前庫存與已訂在途

量，就有應補數量。有應補數量，比對經濟採購量，就是預計採購量。有預計採購量，就有採購訂單。

若以物料需求管控表觀之，格式如下：

品名：　　　　月份：　　　　　　　　　　　　　製表人：

料號	BOM標準量	投產工單量	投產需求量	目前庫存量	已訂在途量	應補數量	經濟採購數量	本次應採購數量	未來三個月預估銷貨量	應備數量	預計採購量	備註
A	B	C	D	E	F	G	H		I	J		

註：C＝A×B；F＝C−D−E；H＝F vs G；J＝A×I

物料需求管控表適用於物料，適用於製造業。各欄位之間的關係是：

有品名，就有這個品名的用料。有用料就有料號，有料號就有 BOM 的標準用量。

要投產,拿 BOM 標準量乘以投產工單量,就是投產需求量。例如品名 A 用了料號 001 的 BOM 標準量是 10 PCS,投進來的工單是 1K,投產需求量就是 10K。

有投產需求量,比對目前庫存量與已訂在途量,就有應補數量。有應補數量,比對經濟採購量,就是本次應採購量。從本次應採購量,就可見次月要備的量。

當然,除次月要備的量外,還要備未來 3 個月的量。如何備未來 3 個月的量?就是拿 BOM 標準量乘以未來 3 個月預估銷貨量。

以上是產銷會議的議程與表單,除產銷會議外,產銷要協調,還要把生產排程的進度放在 EIP 上公告,並且所有作業都要信守 SOP 準則與規範,不能違規。

當生產排程的進度有放在 EIP 上公告,大家想要知道生產進度就上 EIP 查看,如此就不需要問來問去,罵來罵去,逼下手要如何,讓一堆人因為不停被騷擾而情緒低落,作業思路也因為被騷擾打斷了而要重工。

當所有作業都信守 SOP 準則與規範,每個步驟的責任歸屬都清楚,有就有,沒有就沒有,如此,每個人只要把自己的專責領域做好,交給下手,責任就了。

　　以銷售為例，就是要把銷售下單的完整度，包括附件、注意事項，全部規範清楚。若是沒有規範清楚，執行起來漏東漏西，不完整，最後要補件，因為不是原始件，下手會漏掉，如此就會出問題。

　　而 SOP 要做到位，最有效的方式就是導入系統。系統就是SOP，不會有自我主張。

　　若是執行者對系統有意見，反映不好用，就逼他要遷就系統，否則就把辭職書寫出來。因為有意見的人通常就是有問題的人，把有問題的人踢出去，留下來的人都是對的人，業績很快就會翻轉。若是導入系統還無效，就意味著決策者沒有決心與魄力要求執行者落實執行。

經營管理的績效管控要點

A　銷售預估準確率

　　銷售預估準確率＝實際銷貨單÷銷售預估出貨計畫

　　銷售預估準確率的標準值是 90% 以上。它是管控業務主管的 KPI。沒有達到就要做要因分析，找出原因，將之改善，如此，產銷運作才有好的開始。

B　生產計畫執行率

　　生產計畫執行率＝實際投產製令（工單）÷生產計畫排程

　　生產計畫執行率的標準值是 90% 以上。因為一週通常會規劃有一個下午時段是空檔，用來插急單。

生產計畫執行率是管控生管的 KPI。它意味著生產計畫排定下來，就要按生產排程跑，不能亂改。

生產計畫執行率要拉高，主管就要主導、管控、協調、想對策、改善。若是只會聽命行事，工讀生也能做得很好，不需要主管。

C　採購目標達成率

採購目標達成率＝實際採購進貨時數量÷採購訂單數量

採購目標達成率＝實際採購進貨時金額÷採購訂單金額

採購目標達成率＝實際採購進貨時筆數÷採購訂單筆數

採購目標達成率是管控採購的 KPI。因為採購進貨一延誤就會影響後續生產與出貨的排程。

採購目標達成率可以「數量、金額、筆數」三者都做，也可三擇一來做。一般行業都是看筆數。進口業因為要對原廠承諾 MOQ，因此會看金額。

因為沒有履行承諾，原廠就會取消代理權，因此進口業要以此作為要求業務團隊的依據，如此，業務團隊才會在意。同

理，出口業也要對海外經銷商要求 MOQ，如此，海外經銷商才會在意。

D 存貨周轉與管理率

存貨率＝存貨總額÷月平均銷貨額

存貨周轉率（次數）＝年銷貨總額÷存貨總額

資材管理率＝實際盤點量／值÷帳面存貨量／值

呆滯率＝呆滯存貨量／值÷存貨總量／值

存貨率是用於存貨管理，標準值是 0.8~1.2 倍。

存貨周轉次數的標準值是 8 次，完美值是 18 次。沒有就意味著拿一堆錢囤積存貨，沒賣出去，最後一定會因為資金都積壓在那裡，周轉不靈而黑字倒閉。

資材管理率是用於觀察實際盤點盤差的問題。完美值是帳實相符。若有盤虧，就要處罰。若有盤盈，也要處罰。因為都是管理不當。

如何盤點？方法有定期盤點、循環盤點、異常盤點。定期盤點又可分成月盤點、季盤點、年度盤點。

製造業通常是月盤點，亦即每個月盤點一次。零售流通業通常是循環盤點，因為品項繁多，一次總盤一定盤不完，但是一週總盤一定盤得完。除循環盤點外，也適用異動盤點。製造業若是倉位很多，也適用循環盤點。

循環盤點，意指盤點不是一次全部盤點完，而是本日盤點 A 區，次日盤點 B 區，輪流盤點，然後一週內完成全區所有盤點，一週循環一次。

例如某門市有 12 個貨架與一個中島區，貨架由左而右編號為 A~L，示意如下：

	E	F	G	H	
D					I
C					J
B					K
A					L

要做循環盤點，就可以是週一盤點貨架 A 與 B，週二盤點貨架 C 與 D，週三盤點貨架 E 與 F，週四盤點貨架 G 與 H，週五盤點貨架 I 與 J，週六盤貨架 K 與 L，週日盤點中島區，示意如下：

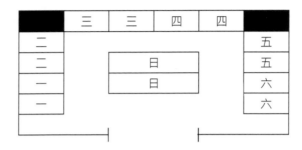

異動盤點，意指有交易、有異動的陳列區才作盤點，沒交易、沒異動的陳列區就不作盤點，待作定期盤點。以製造業而言，就是有出貨的區才作盤點，沒出貨的區就不作盤點，待作定期盤點。

呆滯率要每個月檢視一次。它沒有標準答案，數值愈低愈好，最好是零。一般行業都是看呆滯存貨值，產品單純單一者才看呆滯存貨量。若有呆滯存貨，就要訂定促銷方案，趕快去化，不要惜售。

呆滯存貨的去化情況不只有產銷會議要檢視，行銷業務會議也要檢視，如此，行銷業務才會有責任壓力把存貨出清。若是沒有檢視，行銷業務就會只賣周轉率高的商品，庫存愈久的商品愈不想賣。

E 耗損率

耗損率＝月耗損領料量÷月生產計畫 BOM 量

耗損率是管控資材與製造現場的 KPI。資材不能推責、置身事外。

耗損率高，可能原因有原物料品質不好、設計錯誤、製程不當、客服應對錯誤、行政作業疏失（例如出貨延宕），資材若是反映問題出在設計錯誤，CEO 就要回他：「這個理由我同意，但是為什麼現在才說，試產的時候不說。」

耗損率要管控好，有 2 個步驟：

STEP 1 釐清 BOM（Bill Of Material；標準用料）

STEP 2 批量統計或日用量統計

BOM 的標準用料要加上標準耗損，如此，當生產線用料用得很精準，就會有多出來的料可以回倉。有回倉，我們就要獎勵。我們有獎勵，生產線就會設法讓回倉的量愈來愈多，如此耗損就愈來愈少。

當回倉的量已成例行性，年末編擬年度計畫時，就可以將來年的標準耗損以大家感覺不到的方式稍微調降，將耗損的降低做到好再更好。

批量統計適用於批量生產。批量生產意指這個 Lot 投產下去，到跑完為止，產出多少。日用量統計適用於同步生產。同步生產沒有 Lot 的問題，是今天投入多少，就產出多少，每天統計。

而無論是批量統計或日用量統計，都要每天計算耗損，不能每月計算。

若要讓耗損率很好管控，就是採行資材倉主動發料制，而不是生產線領料制。資材倉主動發料制下，資材倉根據工單備好料，發給生產線，生產線回填補領料單，從補領料單，我們就能算出耗損量有多少。

正如今天要生產 A 產品 1K 的量入倉入庫，資材倉發 1K 的量給生產線投產，生產線在後面時段（例如 PM 4：00）跑來跟資材倉說：「料不夠！」資材倉就是回他：「沒關係，趕快填單給我。」若是生產線填單要領 10 PCS，這 10 PCS 就是耗損量。屆時在開會報告檢討時，這個產線主管就要為產線管理不當負責。

F 成本率

標準成本＝生產製令（工單）BOM 成本金額

普會成本＝期初存貨值＋本期進貨值－期末存貨值

財會單位要結帳，是用普會結，但是普會的公式是「紅龜包豆餡」，好的壞的都包在裡面，華而不實，會讓呆滯存貨得不到管控，耗損有多少也理不清，因此管理上必須導入管會制度。

導入管會制度，用標準成本計算，就不管賣多少都可以每天結損益（即截至昨日，公司累計損益有多少），每天掌控損益，而不必等到財報出來才能掌控損益。因為財會單位結帳還是用普會結，因此每個月結出來的數字一定會與管會結出來的數字有落差。

換言之，標準成本與實際成本之間一定會有落差，因為標準成本是根據 BOM 表算出來的，而實際成本是根據耗用算出來的，因此實際成本會多於標準成本，但是兩者差距不大，以我過去主持的所有公司觀之，最有成就感的差距是 0.1%，最沒成就感的差距是 1.3%。

　　而標準成本與實際成本之間有落差，或財報與經營日報之間有落差，就要追查出落差的原因，提出差異分析作說明，並尋求改善。

G　準點率

1　採購到貨準點率
2　出貨準點率
3　產銷 SOP 各站作業移轉準點率

　　準點率是檢視時間對不對，公式如下：

　　準點率＝準時完成件數÷總件數

　　採購到貨準點率，意指資材採購、成品採購約定何時到貨就要何時到貨。這也意味著準點率的準時完成件數沒有百分比的問題，只有 1 或 0 的問題，有準點就得 1 分，沒有準點就是 0 分。

採購到貨準點率要拉高,就要做好對供應商的備料管理與內部的製程管理。

出貨準點率是以業務的訂單為依據。因為訂單上一定會押日期,這個日期可能是預計出貨日或客戶要求出貨日,無論何者,若有一筆訂單出貨日沒有準點,得分就是 0。

因為這代表對客戶的承諾、對客戶的尊重。畢竟時間是自己可以掌控的,自己沒有掌控好,就意味著自己對該人該事不尊重。而當我們有這麼設定 KPI,執行者就會重視時間管理而不會無關痛癢。

產銷 SOP 各站作業移轉準點率,意指站與站之間,從上游到下游,每個站的移轉,都要設定起迄時間,都要設定可以停留多少時間。有這麼做,每個站的責任歸屬就清楚,之後大家都把本分職責做好,產銷運作就順遂。

產銷運作若要更順遂,就是自己把自己的本分職責做好之餘,也幫上游設想,幫下游設想,對自己的上游與下游多一點關懷與用心。

要檢視產銷 SOP 各站作業移轉有沒有準點,可以甘特圖來檢視。要做好產銷 SOP 各站作業移轉的準點,可以導入電子簽核流程。有電子簽核流程,文件卡在哪裡,誰壓件了,系統就會反映真相。

H　準確率

1　銷售預估準確率

2　生產計畫準確率

3　採購到貨準確率

4　出貨內容準確率

準確率是檢視品質、內容、數量、金額對不對。公式如下：

準確率＝準確完成件數÷總件數

銷售預估準確率要拉高，就要精準掌握公司內部統計資料與外部市場情資。

生產計畫準確率要拉高，就要把產品模組化。產品模組化後，就不必備太多不同的物料。

採購到貨準確率要拉高，就要從 IQC 轉變成 OQC。IQC 要把貨拉到待驗區等待檢驗，驗好才能入庫到成品倉盤點，準備出貨，如此就容易製造內部混亂。OQC 只要外驗驗好，就可以直接出貨，或直接入庫到成品倉盤點，準備出貨，如此就解決內部混亂的問題。

　　出貨內容準確率，要注意的是，對於出貨到客戶端才出狀況的問題，與其大家相互指責，其實應該鞭屍的是品保。因為品保沒有做好最後把關的動作。

　　當然，有的品保會反映抽撿難免有問題或沒時間全檢，其實只要從數據分析找出哪些客戶的哪些貨最容易出狀況，這些貨就全檢，其餘不容易出狀況的貨就抽檢，如此就沒有「沒時間全檢」的問題。

　　若是問題出在前頭作業就出錯，品保更要擋下來，追查責任，而不是隨便放行。

Ｉ　品質率

1　IQC：Incoming Quality Control

1　OQC：Outgoing Quality Control

2　IPQC：In Process Quality Control

3　FQC：Final Quality Control

4　QA：Quality Assurance

IQC＝OQC。IQC 是進料、進貨品管。OQC 是外驗品管。兩者相較之，OQC 優於 IQC。

因為 IQC 的倉庫要有很大的空間作為待驗區，等待倉儲人員驗貨。倉儲人員若是太忙，就容易出錯。倉庫若是沒有很大的空間作為待驗區，貨放在倉庫外，為防淋濕損毀，也要做很多的保護動作。怎麼做都是不智之舉。

反觀 OQC 是外驗團隊到供應商的工廠驗貨，驗好封箱貼標籤與封條後，就直接出貨，如此，供應商就無法在裡面動手腳。若不直接出貨，也是直接入庫到公司的成品倉準備出貨，如此也省下待驗區的空間，擴大倉儲區的空間，同時還省下很多 IQC 的人力。

IPQC 是在線品管、線上品管。而最新的品保學發展已告訴我們，IPQC 不再是品管的責任，而是生產線的責任。這是稽核的概念，亦即後段永遠要稽核前段，後工作站永遠要檢視前工作站的作業品質。

如此，當每個工作站每個人都往前追查，前段交出來的作業就會戰戰兢兢，不會敷衍了事。如此，整個產銷運作就會很完美。

若是不讓生產線負責 IPQC，生產線就會沒有責任意識，左手進右手出，有一個「反正不管我怎麼做都沒關係，最後總會

有人把關」的壞習慣，讓最後把關的 FQC 欲哭無淚，因為出貨在即，到手的貨卻檢驗不合格要拒收。

這也可見，貨到 FQC 就莫可奈何，因此比起 FQC，IPQC才是關鍵，IQC 才是關鍵，OQC 才是關鍵。當前頭把關的動作做好，最後的 FQC 才會輕鬆。

FQC 是成品品管，亦即生產線做出來的成品還是要有管控點，這個管控點就是 FQC。

若是全自動化生產，就不需要 FQC。因為在全自動化生產的流程下，投線的料必須正確，之後在生產線上 IPQC 做的是透過設備儀器來檢測、校正，不對的就打掉，對的就送到末端自動包裝，因此不需要 FQC。若是連裝箱也全自動化，就會連裝箱人員也不需要。

自動化下，機器人比自然人精準，人會打瞌睡、犯錯、情緒化、鬧罷工，機器人不會，因此面對勞動成本高、人力短缺的困境，要會導入自動化。

QA 是出貨品保。任何一張訂單在出貨前，品保都要做保證的動作。如何做保證的動作？就是貨品由內而外，全部都要檢驗一遍。

　　若是 OQC，就是外驗人員派駐外包廠，外包廠交貨前，外驗人員要將貨品由內而外全部檢驗一遍，合格才封箱出貨，並且每天都有報表回報。

J　稼動率

　　產線稼動率＝產線投產時日÷產線開工時日

　　機台稼動率＝機台投產時日÷機台開工時日

　　人員稼動率＝人員投產時日÷人員開工時日

　　稼動率是管控生管的 KPI，可分成產線稼動、機台稼動與人員稼動。稼動，意指有實際投產。停線待料閒置中就意指沒有稼動。

　　產線稼動≠機台稼動。因為有的機台是製具，不見得每條生產線都會投入，有時會晾在那裡，呆滯在那裡。

　　再者，上班不是稼動，而是開工。因為人有來上班不代表有在做事情。人有來上班，若是沒有訂單，不能投線生產，就只有開工，沒有稼動。而沒有稼動，呆滯在那裡，人工成本就增加。

正如我有來上班 8 小時，但是停線待料閒置 2 小時，稼動就只有 6 小時，稼動率就是：（8－2）÷8＝75%。因為停線待料，機器設備還是要分攤折舊，因此如何避免機台、產線、人員閒置，主管責無旁貸。

要避免人員閒置，主管就要建立工作說明書，把那個職位每天要做什麼事情，做這些事情要花多少小時算出來，算出來的每日總工時就是稼動。

要注意的是，企業經營沒有賺錢是罪惡，因此追求稼動的前提必須是有賺錢，沒有賺錢就不能追求稼動，若是讓機器設備一直啟動生產，結果產出的產品沒有賣出去，變成存貨，沒有賺錢，就是罪惡。

若要給稼動率一個標準值，那就是 100%。人員稼動率若是沒有 100%，就要調班、放假。

若是遇到電子產業的「五窮六絕放暑假」，5 月客戶要逛台北國際電腦展，因而減少下單，6 月客戶逛完展還未決定要不要下單，因而不下單，7 月歐洲客戶開始輪流放暑假，因而不下單，導致 5~7 月沒有什麼訂單可以生產，為求 100% 的稼動率，對策就是 5~7 月只生產半成品。

這堆半成品若是公司倉庫放不下，就租倉庫來放。到了 9 月中，旺季開始，有大量訂單進來，別人來不及生產，出不了

貨，我們只要開個臨時生產線，找工讀生來將半成品組裝成成品，就可以出貨，提振業績。

K　生產效率

生產效率＝時段（每日）總產量÷時段（每日）總投入人工時

生產效率＝時段（每日）總產值÷時段（每日）總投入人工時

　　生產效率的價值在降低生產成本，分攤設備折舊，降低料工費中的工與費，要每個月統計一次。若是生產線，產線主管就要每天統計，每天提報產線的生產效率與稼動率，而不是有單就加班，沒單就閒置。

　　生產效率是檢視每個標準工時產出多少數量或金額。每個標準工時，在機台意指每個小時或每個時段，在人員意指每個人工時。每個人工時通常是上午 2 個時段，下午 2 個時段，中間給作業員有休息的時間。

　　若是全自動化，就沒有時段的問題，因為機器人不需要休息。若是半自動化，就要算出機台流水線工時是多少，產出是多少。

　　若是生產效率太慢，可以調快流水線的輸送帶速度。正如我過去主持一家製造業公司，因為從未接觸過製造業，為了入行，就從作業員做起。

　　做起作業員的第一天，發現周遭的阿桑（大姐）都能邊做邊聊昨天的楚留香劇情，還有時間稍作休息，可見流水線的輸送帶速度太慢，於是做了 2 天後的第 3 天下班，就把輸送帶速度調快 5%。

　　結果第 4 天上班，周遭的阿桑還是照樣邊做邊聊昨天的楚留香劇情，沒有感覺到輸送帶速度變快，於是當天下班，我又把輸送帶速度調快 10%。結果第 5 天上班，情況就不一樣，沒人有時間聊天，生產效率也跟著拉高。

　　若是機台流水線的運轉是以工業電腦來操控，就是調變工業電腦的參數。

L　製造人工成本與製造費用成本

製造人工成本＝生產時段總人工時薪資÷生產時段產出總量

製造費用成本＝生產時段總製造費用÷生產時段產出總量

製造業的成本來自料＋工＋費。料，意指製造材料，亦即 BOM 的標準用料。工，意指製造人工。費，意指製造費用的分攤。料的部分已在前文「成本率」提及，這裡就提工與費的部分。

製造人工成本是檢視每產出 1 PC，花我人工多少錢。

製造費用成本是檢視每產出 1 PC，費用分攤多少錢。

生產時段則可依分步成本制，以一個時段（2 小時、8 小時或 1 天）來計算；或依分批成本制，以一張工單或一個 Lot 來計算，端視公司的需求與管理動作而定。若以管理的角度觀之，分批成本制計算較方便。

研發會議

經營管理的職責

　　研發（R&D）是製造業的功能，在買賣零售流通服務業稱商開，或稱 PM（Product Marketing）。當然，製造業也可以有商開功能。

　　若以組織架構觀之，就是任何企業都有四大功能：行銷業務、生產備貨（在非製造業是採購備貨）、研發商開、行政管理。

CEO			
行銷業務	生產備貨	研發商開	行政管理

　　從組織架構可見，研發商開是獨立功能，不會被整併在行銷業務功能，也不會被整併在行政管理功能。研發商開與行銷業務之間，研發商開是負責規劃＋執行，行銷是負責規劃，業務是負責執行。

研發商開是設計開發對的產品給業務賣，行銷是協助業務讓產品好賣。研發商開若是無法設計開發出對的產品，業務就會賣得很辛苦。研發商開若是歸在管理部，公司產品的設計開發就永遠都是殺雞取卵，因為管理部會習慣性地找最便宜的產品來賣。

一　經營決策層的職責

A　決定公司產（商）品政策

1　重視大數據的解析
2　確認公司的定位
3　確認紅海與藍海策略
4　決定公司的 SKU 數
5　確認公司的備貨總量

第 1 點是經營決策層在要求團隊收集整理情資之餘，還要把收集整理好的情資做進一步解析。如何解析？可從人力、物力、財力、資訊力等 4 個力切入。

人力是檢視人效。這意味著我們不要因為組織要擴大，就擴編一堆人。比起增加人數，更重要的是拉高人效。有增加人數卻沒有拉高人效，組織就會過度膨脹，最後罹患冗員充斥而效率低下的組織肥大症。

物力是檢視商品銷售排行榜與商品周轉情況。我們要從中找到機會。

財力是做經營分析與財報解析。做財報解析，要有正確認知：腦袋中不要只想著毛利率，比起毛利率，更重要的是毛利金額、淨利金額。

因為決定損益的是金額，而不是百分比；檢討成效才看百分比。換言之，我們要賺的是毛利金額、淨利金額，不是賺毛利率。毛利率是拿來分析用，而不是拿來看結果，結果看的是金額。若是一味追求毛利率，事業就做不大。

資訊力可分成硬體與軟體。我們是利用資訊設備導出的資訊作為決策的依據，從中清楚掌握公司裡裡外外所有一切的經營數據，除內部的統計分析外，還要清楚外部的 PEST，如此才能做到知己知彼，百戰不殆。

很多企業就是不知己也不知彼，才會認為自己很偉大，或認為自己很渺小。而認為自己很偉大的結果就會止於現狀，被

後來者超越、取代。認為自己很渺小的結果就會畫地自限，做困獸之鬥。

第 2 點是經營決策層要確認公司的定位。定位，意指我們要給市場大眾什麼樣的印象認知。若是我們想要建立高檔的印象認知，我們就要定位在高檔。若是我們想要建立平價的印象認知，我們就要定位在平價。定位主要體現在市場、品牌、功能、技術、專業、階層上。

其中，市場定位，意指我們的主力要專攻哪個市場。以國際化而言，主力不是專攻全世界，而是只要守在亞洲市場，就可以在亞洲市場稱王稱霸。

若要專攻歐美市場，就無法在歐美市場稱王稱霸。因為我們的行銷力道太弱，必須把營業額拱大，擁有充足的資金，才玩得起，但是這樣的代價就很高。

品牌定位，是台灣企業最弱的一環。很多企業都以為創品牌要花很多錢，因此不想創品牌。然而，不想創品牌，就只有仰賴別人的鼻息過活，任人宰割。其實過去玩品牌或許要花很多錢，但是現在已經不需要，現在只要會鋪通路，把電商通路鋪好，讓目標客群看到，品牌知名度就高。

功能定位，意指我們有什麼獨特性、差異性。例如我們是只做視訊產品的專家、我們是電腦周邊產品總匯。

階層定位，可分成高檔、中檔、平價。要定位在高檔，就要認知到高檔市場小，量不大，平價市場大，量才大。要定位在高檔，切入點有材質、設計、價值。

以包包為例，LV 就是高檔。有的包包可以做出 LV 的樣子卻賣平價，關鍵就在沒有 LV 的品牌價值。可見，層級決定了價值與價格。層級如何決定？端視我們的 TA（目標客群）是誰而定。

第 3 點是經營決策層要確認紅海與藍海策略。紅海策略是針對普羅大眾，量大，毛利率低，價格不高；藍海策略是針對特定小眾，量不大，毛利率高，價格可以拉高。

紅海策略因為毛利率低，因此必須把量拱大，把分母（營業額）拱大，才能擴大獲利。中小微型企業因為量不大，無法把分母拱大，因此必須認清自己的優劣勢，採行藍海策略，才能玩出一片天。

第 4 點是經營決策層要決定公司的 SKU 數。SKU（Stock Keeping Unit）＝品項（Item）。買賣零售流通業稱 SKU，製造業稱品項。

經營決策層要清楚公司共要推出幾個品項。如何清楚？就是要確定公司產品線共要分出幾個大類，每個大類共要分出幾個系列，每個系列共要分出幾個品項。CEO 要先決定大類，再

往下決定系列，再往下決定品項。之後 PM 與 R&D 就是根據這個決定來規劃設計。

第 5 點是經營決策層要確認公司的備貨總量。當 SKU 數清楚了，就能決定備貨總量。CEO 要在年度計畫中決定公司要做多少營業額，要賣多少品項，每個品項要賣多少量，PM 與商開就是根據這個決定來備貨，創造營業額。

要注意的是，備貨量攸關公司資金。備貨量不對，導致存貨太多，公司資金都積壓在存貨，公司就容易因為資金一時周轉不靈而黑字倒閉。

B 決定公司的價格政策

1 定位決定價格

2 價值決定價格

3 重視市場取價

4 確認價格政策

5 訂定價格策略

定位決定價格，意指定價要訂多少取決於定位；定位在高檔，定價就高；定位在平價，定價就低。若要進到平價定位的通路平台，價格就不能訂高，訂高就沒有市場。

價值決定價格，意指我們不要在價格上做文章，要在價值上著墨。有價值，價格就高。沒有價值，就被殺價。不要以為我們降價求售就有生意，客戶若是以為他還沒殺價，我們就降價，就會認為便宜沒好貨而不出手。

重視市場取價，意指價格不是從成本推演而來，而是視市場行情取價，市場賣多少，我們的價格就要跟進，不能訂太高或訂太低。訂太高，市場不接受就滯銷。訂太低，市場暢銷就少賺。

確認價格政策，意指我們要決定直銷價與經銷價，及差別取價。這也意味著直銷通路與經銷通路的價格會不一樣，我們不能以單一價格打遍全世界。

訂定價格策略，意指我們要確定促銷怎麼玩，我們要確定授權價。何謂授權價？就是某商品的售價，要給業務主管多少授權。

通常有給業務主管授權價，讓業務主管有一片天，業務主管帶領團隊衝業績，遇到客戶要求降價，就可以根據授權價來跟客戶談，而不必事事都要請示 CEO。

C 決定公司的研發商開政策

1. 自主研發
2. 委外開發
3. 產學合作
4. 採行 IPO

自主研發，意指我有研發團隊。當公司要創造 Unique、獨有、獨特的價值，這就是公司必要做的資本投資，只是它的命中率不高。

委外開發，意指我沒有研發團隊。當我評估養一個研發團隊要花很多錢，研發出來的成果又不一定命中，就可以委外開發，交給專業的公司或人員做。

產學合作，意指我要開發新產品新技術，卻還沒有建構研發團隊，就可以找學校合作。找學校合作的方式是請對方賣專案之餘，連同參與專案的團隊也一起賣過來，如此當專案要執行，就有人可以運作。

採行 IPO（International Purchasing Operation），意指當產品規劃好，這個產品就不是自己做，而是 IPO。IPO 的定義就

是「我賣的不是我做的」，我賣的可以來自 OEM 或 ODM，簡言之就是我找喜歡做的人，我貼牌就好。

因為營業額要靠自己做出來的時代已經過去。放眼全世界的世界級企業，諸如 Apple、3M、飛利浦，都是沒有自己的工廠，都是靠 IPO 上來。可見，只有 IPO 才能讓業績立於不墜之地。

若是靠本業，堅持「我賣的一定是我做的」，業績要倍增就很辛苦。若是專注 OEM，更是為人作嫁，會習慣坐等客戶餵單，喪失行銷能力，當客戶轉單，就沒有出路。

如何跳脫出來？可以先從 OEM 轉型成 ODM，再從 ODM 轉型成 OBM。有 OBM，縱然產品功能與別人一樣，但是只要品牌一貼，馬上就能創造差異化，與別人不一樣，不再是我受制於人，而是別人受制於我。

D　主持研發商開會議

研發商開會議，在製造業開的是商品研發會議，在買賣零售流通服務業開的是商品開發會議，會議主席是 CEO，會議時間可以是在每月第四週，除研發商開人員要參加外，行銷、業

務最高主管也要參加。因為他們代表客戶，有他們代表客戶來參加，研發商開人員才不會陷入象牙塔式發展。

以製造業的商品研發會議觀之，會議通知與會議記錄示意如下頁。議程中的報告事項包括：

① 商品開發進度報告

② 市場發展趨勢報告

③ 市場競品分析

商品開發進度報告，意在商品開發一旦進入 Schedule，正在進行中，就要有進度展現出來，才不會落後而不自知。

市場發展趨勢報告，意在掌握市場脈動，藉此評估公司商品未來走向，討論要有什麼新品進來。

市場競品分析，意在檢視當前的競爭態勢是如何，藉此做好知己知彼的因應對策。

議程中的討論事項則包括：

① 新品發展研討

② 舊品改良研討

③ 成本降低研討

④ 競爭對策研討

PLUS 會議記錄

會議名稱	商品研發會議		
時間		地點	
主席		記錄人	
出席人			

會議議程	決議內容	待辦事項
A · 上次會議待辦事項		
B · 本次議題		
1 · 布達事項		
2 · 報告事項		
① 商品開發進度報告		
② 市場發展趨勢報告		
③ 市場競品分析		
3 · 討論事項		
① 新品發展研討		
② 舊品改良研討		
③ 成本降低研討		
④ 競爭對策研討		
4 · 臨時動議		

新品發展研討，關鍵在以甘特圖的方式規劃產品發展路徑圖（Road Map），重視第二曲線的創造，思考何時推出全新新品，何時導入替代新品。

換言之，規劃產品發展路徑圖，在開發第一代原型時，就要一次規劃三代，在第二代就要注意替代。當第一代被抄襲，也可以立即推出第二代或第三代來應對，第一代則以降價方式來增加營收，同時逼競爭者退出市場。

舊品改良研討，關鍵在質變（材質變更）或設變（設計變更）。我們要收集市場相關情資，了解全世界有什麼最新的科技、材質可供運用來讓產品功能、效能變得更好，產品變得更獨特。

成本降低研討，關鍵也在質變或設變。因為質變或設變可以降低的成本比採購殺價可以降低的成本多很多。

競爭對策研討，關鍵在思考未來競品有新品出來，我們要怎麼應對，我們要發展什麼商品來應對。

以上四大討論事項只是基本要項，公司還可以根據實際情況增添更多的討論事項。

二　管理階層的職責

A　發展公司創新產品

1. 收集市場情資
2. 了解產業趨勢
3. 注意消費變化
4. 整理競品分析
5. 訂定產品開發計畫

　　因為開發市場已有的產品會陷入紅海市場的價格戰，因此開發新品，要開發創新產品才行。如何開發？第一步是做市場調查，收集市場情資，了解市場要什麼。

　　除非我們做的是從零到有的原創產業，沒有市場情資可收集，否則不收集市場情資，光憑自己的想像來開發新品，就會非常危險。

　　收集市場情資，是要了解產業趨勢，注意消費變化，整理競品分析。

　　了解產業趨勢，是要了解產業的下一波發展是什麼，主流是什麼，我們有沒有跟上主流，我們有沒有背離主流。不要閉

門造車。因為科技進步，全世界的產業變化速度已從過去的數
年一個變化變成現在的數月一個變化，還在閉門造車，就會在
產業已經沒落了才推出我們自以為很棒的新品，導致我們一上
市就站在懸崖邊緣，岌岌可危。

　　注意消費變化，是要注意消費市場的活絡度。消費市場的
活絡度不高，就意味著末端零售會面臨苦戰。目前活絡度高的
消費市場已從已開發國家（歐、美、台）轉移至新興國家（中
國大陸、東協）。

　　除消費市場的活絡度外，也要注意消費傾向、消費習性／
消費習慣、消費時尚／流行時尚是什麼，依此來讓新品開發更
精準。

　　整理競品分析，是要發揮知己知彼的效應。這是研發、商
開、PM 主管要整理的，整理出來後，就是交給經營決策層作
決策。

　　當以上 4 個動作都做好，經營決策層就要決定接下來要開
發的新品是什麼。經營決策層拍板定案後，研發、商開、PM
主管就要承接過來，訂定產品開發計畫，並且不管是自主研發
或 IPO，都要把產品開發計畫寫出來。

B　研發產業新技術材質

1　深入掌握新技術材質
2　不斷開發新供應商
3　進行替代材質研討
4　重視 ID（Industrial Design）
5　注意產品的好用與實用

自主研發的產業必須重視產業的新技術材質，因為材質變更的成本降低可以大到兩位數。如何做到？

一是深入掌握新技術材質，亦即要上網搜尋，從中得知市場出現了什麼新技術、新材質。

二是不斷開發新供應商，亦即供應源不能只有 Only Source 或 Single Source，必須不斷找出很多新的供應源。這個動作不代表現有供應商不好，而是為了不被現有供應商愚弄，必須多多開發比較。有開發比較，說不定還能發現外頭還有更好的供應商值得我們與之合作。

三是進行替代材質研討，亦即要找出市場上還有什麼功能更好或效益更好的材質可以替代。這個動作意味著進行替代材

質研討是必要的。如果自己做不來,就要找外部的研究機構諸如工研院或學校來合作。

四是重視 ID(工業設計),亦即商品的外觀、賣相設計要吸睛。

因為我們購物都是先被外觀吸引了,才會進一步看裡面內容。若是賣相不好,內容即便再好,我們也不會想看,因此研發、商開工作者都要認知到:本體固然重要,ID 也很重要,不要偏廢。若是自己做不來,就要找外部學校的商業設計系所來合作。

五是注意產品的好用與實用,亦即產品要 Friendly,效果要立即,對客戶要有幫助。

若是經銷商,就要注意我們的產品有沒有讓他好賣。因為讓他好賣,我們的產品才能賣很快。畢竟經銷商都習慣做 Box Moving,若要他費盡口舌來賣我們的產品,他就會覺得太辛苦而不想賣。

C 規劃公司產品模組化

1 注意產品的系列化

2　注意產品的模組化

3　注意產品的標準化

4　注意產品的規格化

5　注意產品的認證化

注意產品的模組化，意指要有共用半成品，不要什麼都是從零開始。

注意產品的標準化，意指要有一致性，不要差異很大。

注意產品的規格化，意指要有明確的規格。

注意產品的認證化，意指該申請認證的要申請認證。除申請認證外，還可以收集認證。例如食品、美妝保養品收集 Halal 認證就可以做進穆斯林市場。

D　確認公司技術認證

1　技術認證

2　品質認證

3　國家認證

4　專利認證

⑤　認證管理

技術認證，諸如醫材產業的 FDA、通訊產業的 FCC。

品質認證，諸如 ISO。

國家認證，諸如中國馳名商標企業認證。它是一個榮譽指標，意味著品牌經營的合法權益得到有效保護。

認證管理，意指認證有沒有期間的問題，有沒有 Update 或 Upgrade 的問題。任何公司都要成立文件管制中心（文管中心；DCC；Document Control Center）來做認證文件的整理、存放、分發、修訂、作廢及維護。通常取得 ISO 認證的公司都有文件管制中心的編制。

E　降低公司物料成本

①　標準化降低

②　共用化降低

③　大量化降低

④　在地化降低

⑤　中衛化降低

製造成本來自料＋工＋費，研發、商開及生產的著力點就在物料成本、BOM 成本如何降低。方法有標準化、共用化、大量化、在地化、中衛化。

標準化，共用化，大量化，意指當產品有標準化，共用度就高。共用度高，就可以大量採購。大量採購，就可以以量制價。以量制價，採購成本就便宜。

在地化，意指就地取材、就地生產，節省物流費用，成本就低。

中衛化，意指中心廠在哪裡，周邊衛星廠就跟進來就近供貨，就近供貨就可以降低成本。

正如我過去主持一家製造業公司，因為台灣的 3C 產業中心廠都到中國大陸設廠，因此公司作為上游零組件供應商也要跟進，在中心廠附近設廠，才能就近供貨。

又如豐田汽車主張的零庫存管理，也是中衛化運作。但是產銷運作若是不順，就做不來零庫存管理。

因為零庫存管理是死道友不死貧道的作法，亦即中心廠不備庫存，庫存都備在衛星廠那裡，衛星廠設在中心廠周遭，彼此電腦連線，中心廠要貨，就通知衛星廠：「我何時要投產，你何時要到貨。」衛星廠就如期供貨。這也可見，當中心廠不要貨，衛星廠就會被拖累。

經營管理的內容

PM 流程的 SOP

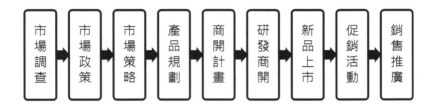

市場調查 → 市場政策 → 市場策略 → 產品規劃 → 商開計畫 → 研發商開 → 新品上市 → 促銷活動 → 銷售推廣

PM（Product Marketing）流程的 SOP 偏向商開。第一步是做市場調查。市場調查的關鍵是做商品、區域、客戶、通路別的銷售量排行榜、銷售額排行榜、銷售毛利排行榜，再兩兩做交叉分析。

有市場調查，就可以依此決定市場政策。市場政策，意指我們要主攻什麼地區、什麼客群，TA 是誰。市場政策，包括產品政策、區域政策、價格政策。

　　市場政策決定好，就是規劃市場策略，亦即我們要以什麼方式進入市場。這時就是行銷（Marketing）為王道，方式可以是業務推廣，也可以是參展，觀展，辦發表會、說明會、招商會、展售會。

　　市場策略規劃好，就是進行產品規劃，亦即我們要以什麼產品進入市場。這時就要把產品線分成 3 個層次「大類→系列→品項」來規劃，如此才會清楚維持營運的品項（SKU）數要多少。正如便利商店的 SKU 數在 30 坪以下小店約 1000，在 150 坪以上大店約 4000。

　　而以上 3 個步驟都是 PM 在決定公司產品要做什麼，可見對於產品研發開發，不是 CEO 或研發憑自己的經驗感覺做，自己想做什麼就做什麼，什麼都要從無到有，也不是別人做什麼成功了，我就跟進，必須從市場切入，必須入市，必須了解市場要什麼，然後主動提供、主動帶動。

　　接著，產品規劃好，就是交給研發、商開訂定產品開發計畫。產品開發計畫可以是自主研發，也可以是 IPO（外購）。若是自主研發，就是進行研發商開。進行研發商開，要注意的是不要研發商開過度。因為研發商開過度，就會落入產品生出來卻賣不出去的下場。

研發商開出新品，PM 或行銷團隊就要規劃新品上市及促銷活動，之後就是業務團隊進行銷售推廣。

研發商開流程的 SOP

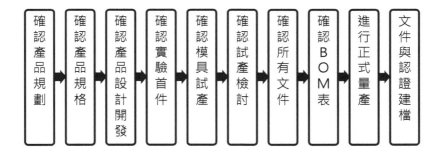

研發商開流程的 SOP 偏向自主研發。第一步是確認產品規劃。產品規劃確認好，就是開產品規格書。規格包括尺寸、外觀、功能、材料。產品有規格，就可以進行產品設計開發，確認產品設計開發。

產品設計開發確認好，就是製作手做樣品（手捏出來的樣品；Mockup Sample）測試功能，確認實驗首件。實驗首件確認好，就是進行模具試產。

因為模具開模太急就章都會失敗，換言之，開模不可能一次到位，往往都要修模，因此開模的模具都要經過試產。試產不會只有 1 次，都會有 2 次。

每次試產都要有試產檢討。這在研發管理稱 Pilot Run，有 Pilot 1、Pilot 2，有的公司則稱 Trial Run，亦即模具試產，第一次試產不對，就退回來檢討，再做第二次試產。第二次試產檢討結束，就要確認文件。

要確認的文件主要有三：一是作業指導書，亦即投產時每個工作站、每個品項都要有作業指導書。二是品質檢驗規範，它包括 IQC、IPQC、FQC、QA。三是認證文件，有的客戶會要我們提供。

確認所有文件時，也要確認 BOM 表。BOM 表的初稿是出現在第一次試產。第二次試產結束，BOM 表就要完成。

BOM 表會有 EN（Engineering Notice）與 ECN（Engineering Change Notice）。第一次開出來的稱 EN，EN 修正後再開出來的是 ECN。EN 與 ECN 是歸 DCC 管，而不是歸資材管。若是歸資材管，資材會修正，這樣就會亂。

當以上動作都完備，就是正式量產。要知道量產會不會出問題，試產就要投標準量。試產投標準量，做出來的量會不會就浪費了？不會的。這些量可以作為拿給客戶看的樣品。換言

之，先拿去做生意比較重要，剩下的量就可以低價賣給員工或免費送給員工，如此，員工對公司就會心存感恩。

而正式量產之後，所有文件與認證就要建檔。所有文件與認證的建檔都是歸 DCC 負責。整個流程跑到這裡，研發、商開的責任才算正式終了，後續才轉給生產線的生技（工程部）接手。

A   研討產業發展趨勢

1   定期收集專業資料
2   參加學術專業研討
3   定期召開研發商開會議
4   訂定產品壽命週期
5   建立產品發展路徑圖（Road Map）

定期收集專業資料，意指研發要定期收集產業技術的最新情資。

參加學術專業研討，意指研發要多多參加學術研討會，聽聽成形或未成形的學術發表。因為這些學術發表雖然目前還不

能量產，但是它在告訴我們最新趨勢是如何。再說，很多產業的新品都是從學術發表而來，我們多聽聽，就可以比別人先一步導入運用。

定期召開研發商開會議，意指 CEO 每個月要親自主持一次研發商開會議。

CEO 可以每月第一週主持主管會議，第二週主持行銷業務會議，第三週主持產銷會議，第四週主持研發商開會議。其餘若有問題要解決，就直接找惹事的人來談就好，不要找一堆無關緊要的人來開會，擾民傷財。

訂定產品壽命週期，意指任何產品都有壽命週期，因此產品成形之初，研發與 PM 就要決定它的壽命週期，清楚新款會在何時產生替代。

建立產品發展路徑圖，意指研發與 PM 要建立產品發展路徑圖，規劃產品的第一代是什麼，要在何時推出；第二代是什麼，要在何時推出；第三代是什麼，要在何時推出……，不要以為一個產品做出來就可以吃一輩子。

B　建立公司產品結構與建構

1. 規劃產／商品大類／系列／品項
2. 規劃公司產／商品總 SKU 數
3. 規劃備貨總量
4. 落實產品導入訓練
5. 整建產品資料文件圖庫檔

結構，意指拆解分析。

建構，意指建立。

規劃產品大類／系列／品項，意指任何產品線都要展出大類，再從大類展出系列，再從系列展出品項／SKU。這是產品管理的基本。

接著就是確定公司產品總 SKU 數有多少。確定後，再對年度目標的業績目標進行結構拆解，就會知道每個 SKU 要做多少量。

然後將「公司要備多少個 SKU」以及「每個 SKU 要備多少量」兩者相乘就是備貨總量。其公式就是：備貨總量＝SKU 數×每個 SKU 的數量。

落實產品導入訓練，意指當產品做出來，要讓業務知道怎麼賣，研發與 PM 就要做產品訓練。

　　因為產品訓練由研發做，研發通常會講專業名詞，例如裡面的成分是什麼，讓行銷業務聽不懂。

　　如果行銷業務硬要問出：「它的賣點是什麼？」研發還會生氣地回嗆：「成分都不懂怎麼賣？」變成公說公有理，婆說婆有理，產品訓練成效不彰。

　　因此，產品訓練與其交給研發做，不如交給 PM 做。若以雙手來比喻，PM 就是要把右手視為研發，左手視為業務，然後居中穿針引線，當潤滑劑，將專業名詞包裝成業務聽得懂的話，告訴業務，讓業務拿它告訴客戶。

　　正如我過去主持一家買賣業公司，就是 PM 到醫院向醫師介紹公司的產品例如手術刀要怎麼使用，之後業務再到醫院的採購單位接單。換言之，PM 與業務之間，PM 是負責教用，業務只負責賣。

　　整建產品資料文件圖庫檔，意指研發與 PM 要負責產品資料文件圖庫檔的整建，整建好後，再交給 DCC 管制。因此，公司要正規化，就要有 DCC 的編制。沒有 DCC 的編制，公司就會脫序。

C　確認公司技術價值

1　加深技術提升與研究
2　發展優勢設計與技術價值
3　重視專屬、獨特與創新的領先
4　取得認證的保障
5　結合產學合作取得優勢

確認公司技術價值，意指研發設計開發出來的產品，價值在哪裡，研發雖然心裡很清楚，但是心裡很清楚沒有用，還要把它講出來，確認它的價值。

加深技術提升與研究，意指研發要不斷精進技術。

發展優勢設計與技術價值，意指研發要善用學校或研究機構的資源來發展優勢設計與技術價值，公司也要捨得花這個資本支出。

重視專屬、獨特與創新的領先，意指做 Me Too 只會進入紅海市場廝殺；做 Unique，不求量，求利潤，才能進入藍海市場超前領先。

取得認證的保障，意指認證可以提升專業度與信服度，因此需要認證的產品做出來都要取得認證。

結合產學合作取得優勢，意指研發自己來，只能一次執行一個專案，可能要等 10 年才有成果；找學校合作，就能同步執行多個專案，3~5 年就有多個成果。

D　掌握新品開發與上市進度

1　確認公司產品線壽命
2　進行產品替代開發
3　加強供應源與供應商開發
4　注意自主與 IPO 開發進度時效
5　落實新品上市發布促銷

因為商品上市進度稍有延遲，沒有跟上時點，商品價值就歸零，因此研發與 PM 要掌握商品開發與商品上市進度。如何掌握？

一是確認公司產品線壽命，亦即每個產品或每個產品線從開始到結束的時間有多久，我們要確認。

目前趨勢是全世界所有產品的壽命週期都在縮短，例如手機的壽命週期只剩下 3 個月，Notebook（筆記型電腦）的壽命

週期只剩下 6 個月，機器設備類的壽命週期只剩下 3 年，因此要不斷創新、更新、改良、改善才行。

二是進行產品替代開發，亦即一個產品從開始到結束會有導入期→成長期→成熟期→衰退期，我們都不能等到產品情勢大壞才開始規劃替代產品，在產品情勢大好時就要推出替代產品，創造第二曲線。

換言之，當產品 A 進入成長期、尚未進入成熟期前，替代產品 A1 就要推出，如此，當產品 A 進入衰退期，替代產品 A1 已經進入成長期，彼此高峰相接才會是一條不斷向上成長的長青曲線。示意如下：

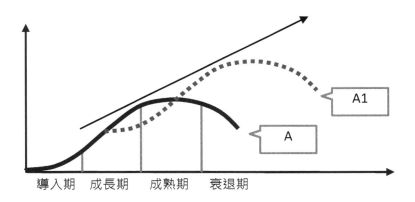

三是加強供應源與供應商開發，亦即我們要不斷開發供應源與供應商，但是開發不代表要合作，主要目的是比較，當作

備胎。因為合作就要承諾 MOQ，若是開發 100 個供應商，100 個供應商都全吃，下場就是買進來了賣不出去，囤積一堆，資金都積壓在那裡，很容易撐死或拉肚子。

四是注意自主與 IPO 開發進度時效，亦即不管是自己從無到有做好的，還是拿別人從無到有做好的來貼牌，在開發過程中都要考量到時效，不准延遲。

五是落實新品上市發布促銷，亦即新品上市要有新品上市的發表與促銷活動。

E　確認舊品改良效益

1　定期進行 ID 改良
2　不斷進行設計變更改善
3　努力進行材料成本降低

定期進行 ID（工業設計）改良，意指我們要定期進行產品外觀設計的改良。因為消費者都是外貌協會會員，都是先看到產品的外觀漂亮，被吸引了，才會起心動念拿起它來看它的內容物對自己有什麼好處。

不斷進行設計變更改善,意指產品設計好了,還要不斷強化它,讓它好再更好,諸如效能更好、使用更友善。

若以 BOM 的 ECN 觀之,管理上是允許 ECN 的存在,但是不能濫用,亦即 ECN 不能隨便亂改,如此才不會浮濫。若要給研發的 KPI 一個標準值,就是 ECN 不准超過 10。超過 10,分數就歸零。

努力進行材料成本降低,方式有二:一是共用模組化,大量採購,以量制價;二是材質變更替代。

F 落實 5C 管理

1. Common Material:共用原物料
2. Cost Down Purchasing:降低採購成本
3. Co-Modularization:共用模組化
4. Convenient Use:便利使用
5. Change Model:創新替代品

共用原物料,目的是用來進行模組化。共用原物料,成本就會降低,品質就會穩定,備料就不會太多。

降低採購成本，方式是用年單、量大來達成，而不是用一張少量單殺價。

共用模組化，意指我們若有 10 個產品，就要讓這 10 個產品的半成品都是一樣。如此，生產就簡單，備料就簡單，品質就穩定。

便利使用，意指產品的設計開發要考量到好不好用，方不方便使用。因為簡單好用，市場才會青睞。若是複雜難用，即便功能再好，市場也不會青睞。

創新替代品，意指產品的設計開發要有足夠的創新度與替代度，才能超前領先。

創新度可從模仿創新開始，進階到改善創新，最後到破壞性創新。

替代度是產品第一代原型出來後會有第一代→第二代→第三代→第 N 代的世代交替，當它發展到第 N 代，我們覺得它快不行了，不能一直靠它，就要有替代產品。

經營管理的績效管控要點

A　開發進度達成率

1　上市時效
2　上市數量
3　供應商開發家數

　　管控開發進度達成率的目的是要讓公司如期取得該有的市占率。開發進度達成率既不是不可控制因素，也不會受制於技術因素，這都是技術工作者為了讓自己有更大空間的藉口。如何管控？

　　一是檢視上市時效。它的得分只有 0 與 100，沒有其他分數。對於上市時效，要注意的是，商品完成之日未必就是商品上市之日，當商品上市時點不對，即便商品做得再好，也賣不出去。而何時才是對的商品上市時點？若以淡旺季觀之，行規是在旺季的前一個月上市。

若以產業觀之，行規是在國際展上亮相。諸如電腦產業的新品上市時點就是 6 月的台北國際電腦展（過去還有 3 月的德國漢諾威電腦展，但是 2018 年 11 月已宣布停辦）。手機產業的新品上市時點就是 2 月的西班牙 MWC。消費電子產業的新品上市時點就是 1 月的美國 CES。

沒有選在這個時點上市，新品做出來就賣不出去。因為客戶的訂單都在國際展上下完，若是選在國際展之後上市，客戶就沒有訂單可以再下。

二是檢視上市數量。上市數量意指在上市時點有多少 SKU 要推出，而不是有多少總量要推出。通常要推出的 SKU 不會只有一個。若是只有一個，就要添加一點元素讓它功能一樣，其餘不一樣。正如同樣的飲料，去冰就是一個 SKU，去糖又是一個 SKU。

而上市數量要多少，如何知道？從這個商品「目標要賣多少量」與「市場客戶需要多少量」來推估，就能知道。

三是檢視供應商開發家數。它要以完備公司資料庫的境界為目標。不管是自主研發或 IPO 貼牌，每開發一家供應商，我們就要把他的基本資料整建到公司資料庫。我們把供應商的基本資料整建到公司資料庫，不需要馬上跟他買，只要需要時再跟他買就好。

正如我過去主持一家買賣業公司，公司能在 3 年內從排名 10 名外迅速躋身業界前三大，就是業務外出拜訪客戶時，客戶問：「我還要這個，你有沒有？」業務都先答：「公司有，但是平常沒在賣。」然後一回到公司，就把這個訊息告知總部的商開部。

商開部收到業務回饋的訊息，就立即從公司資料庫找出供應商下單，供貨給業務轉手賣。因為轉手賣，因此不需要有庫存。也因為轉手賣，因此可以賣便宜，諸如別人賣 10 元，我們 9.8 元就賣。如此，本業是藍海，IPO 是紅海，藍海＋紅海全吃，整個業績就迅速倍增。

B　舊品改良效益率

1　生產效率提升

2　材料成本降低率

3　市場接受度提升

4　業績貢獻增加

生產效率提升，意指有沒有讓生產線比較好做，讓生產流程很順。

換言之，研發不能在實驗室測試發現產品可以投產，就赤裸裸地丟給生產線做。生產線只能有 1 個動作，若要生產線做 10 個動作，生產線一定被凌虐致死，做出來的品質也不穩，如此，生產效率就不高。

如何知道生產線好不好做？只有試產才知道。通常愈上游的產業，投試產的量愈多。相較於下游的成品組裝產業只要投少量（例如 100 PCS）就知道，上游的原物料、零組件產業則要投大量（例如 100K PCS）才知道。這也意味著上游產業的試產就是量產。

試產的結果顯示不夠好做，就要改良。改良也是以「讓生產線好做」為目標。改良做的就是設變（設計變更）。

材料成本降低率，意指我們可不可以用某種材料來取代原有材料，達到用料節省、耗損減少、材料成本降低的目的。而要達到用料節省、耗損減少、材料成本降低的目的，做的就是質變（材質變更）。

市場接受度提升，意指改良得好不好，訴諸市場決定。市場接受度高，就是改良得好。市場不接受，即便採購成本很低也沒用。換言之，市場是永遠的王道，即便產品再棒，技術再

強，市場若不接受，一切都沒用。市場接受度怎麼檢視？當業績成長，市占率高，就是市場接受度高。

業績貢獻增加，意指改良得好，業績就會增加。這也意味著自己認為自己很厲害不是真的厲害，要讓市場認定自己很厲害才是真的厲害。

市場認定很厲害的檢視點就是業績增加、利潤增加，因此不管做什麼行業，我們的所有努力都要投放在讓業績增加、利潤增加上，這才是經營的王道。

C　新品成本達成率

1　降低目標達成率
2　替代項目達成率
3　替代效益率
4　材料降低達成率
5　生產成本降低率

新品定價取決於市場行情，市場行情若是 100 元，我要賺 60%，成本就要控制在 40 元以下，如何做到？

一是管控降低目標達成率。要檢視的是新品成本要降低多少。例如新品成本要降低 5%，我們的執行結果就要達成新品成本降低 5% 的目標。如何達成？要靠採購與研發設計團隊的努力。

二是管控替代項目達成率。要檢視的是有多少 SKU 要被新品替代。例如現有 SKU 有 50 個，其中有 10 個 SKU 要被新品替代，替代率（替代項目數÷總項目數）是 20%，我們的執行結果就要達成替代率 20% 的目標。

三是管控替代效益率。要檢視的是新品替代舊品的獲利是如何。

四是管控材料降低達成率。要檢視的是材料成本降低了多少。通常採購殺價，成本一降只有 3%~5%，但是材質替代，成本一降就有 20%~30%。

五是管控生產成本降低率。要檢視的是生產成本降低了多少。它與生產效率、品質率、耗損率相關。當生產效率高、品質率高、耗損率低，成本就低。

D　新品上市命中率

1　設定命中標準

2　命中目標值＝（開發成本＋模具分攤＋BOM 成本）×10

3　設定計算期間

4　銷貨金額認定

5　銷售數量認定

　　每個新品上市都要設定命中標準。命中標準的門檻是開發成本費用（包括模具開發、團隊薪資、材料成本）的 10 倍。例如一個 Lot 或一個 MOQ 的開發成本費用是 100 萬元，營收就要做到 1000 萬元以上，才是命中。

　　除命中標準的門檻外，也要設定計算期間，亦即要以多久的銷售時間作為命中的依據。

　　根據產業行業差異，有的行業是 3 個月，有的行業是 1 年或 2 年，因為新品要有溝通、Warm Up 時間。通常工業性產業都是 2 年決定生死，消費性產業都是 1 年或 1 檔決定生死，時尚產業則是 1 季決定生死。

　　新品上市命中率若是以銷貨額來認定，依據就是命中目標值與計算期間；若是以銷售量來認定，依據就是模具成本的分攤，亦即為了把模具成本分攤掉，必須賣出多少量。

E　產品模組化比率

1 共用料比率

2 共用模組占比

3 成本／利潤占比

　　共用料比率，意指製造成本的三大結構（料＋工＋費）中共用料占所有料的比率。通常共用料愈多，囤積料就愈少，並且愈可以大量生產，讓生產線好做，如此效益就高。

　　共用模組占比，意指半成品占整個成品的比率。若要給一個標準值，就是 60% 以上。沒有達到 60%，模組化的效益就不易彰顯。

　　成本／利潤占比，意指模組化後的成本與利潤有多少。通常利潤愈好，就意味著模組化愈高。

F　OEM 準點率

1 供應商開發家數

2 供應商交期準點率

③ 供應商品質準確率

④ 供應商配合評鑑

相較於 ODM 是我設計，客戶貼牌，一切操之在我，OEM 則是客戶設計，我生產，一切操之在客戶，因為被客戶控制得死死的，因此不能要求客戶，只能要求供應商。

而要要求供應商，又不被供應商掐死，就要不斷開發供應商，讓供應源很多，可以替代。

再者，要求供應商要要求什麼？一是交期準點率，亦即供應商交貨的時間要準時。二是品質準確率，亦即供應商交貨的內容、品質、數量要正確。

三是配合評鑑，亦即供應商的配合度要高；我們希望他做什麼改善，他都樂意配合。例如我們要他一天交貨，他會在我們隔壁設立發貨倉。

商品會議

經營管理的職責

PM	PM1	Product Marketing	產品規劃
	PM2	Product Management	產品管理
	PM3	Product Manager	產品經理
	PM4	Promotion Management	促銷管理
	PM5	Project Management	專案管理

　　PM 可分成以上 5 種，上一章談的是 PM1 的產品規劃，本章談的是 PM2 的產品管理，或稱產銷管理，主要負責備貨、規劃備貨來源、管理存貨周轉與採購。在製造業稱物控，在買賣業稱物流。當產品管理做得好，庫存就少；當產品管理做不好，呆滯庫存就一堆。

一　經營決策層的職責

A 　規劃公司商品政策

1　確認公司的 TA（Target Audience）

2　確認公司的定位

3　確認公司的商品取得政策

4　確認公司的商品結構政策

5　確認公司的商品價格政策

6　確認公司的商品通路政策

7　確認公司的商品品牌政策

　　第 1 點是經營決策層要確認公司的目標市場是誰。目標市場可分成目標區域與目標客群。當經營決策層有確認公司的目標市場是誰，公司的商品要賣給誰才會聚焦，而不會盲目地浪費資源作戰。

　　第 2 點是經營決策層要確認公司的定位，亦即當我們清楚公司的目標市場是誰，我們就要思考公司商品要給市場大眾什麼樣的印象認知。例如 ZARA、UNIQLO、H&M 的衣服讓人感覺很平價，這就是定位。LV、GUCCI 的包包讓人感覺很貴，這也是定位。

因為人要衣裝，佛要金裝，公司要包裝，產品要包裝，因此當我們確認了公司定位，就要將之包裝。有包裝，價值就會彰顯。沒有包裝，市場就會比價。

第 3 點是經營決策層要確認公司的商品取得政策，亦即當我們清楚公司的定位，就要確認備貨的商品要從哪裡來。備貨的商品要從哪裡來？主要管道有三：一是自製；二是外購；三是外包。

最可取的是外購，最不可取的是自製。自製要籌資金、買土地、蓋廠房、買設備、找一堆人來凌虐自己，又會遇到人力短缺的問題，業績很難快速做大。外購是玩買賣，玩品牌，買空賣空，業績很快就能倍增。

第 4 點是經營決策層要確認公司的商品結構政策，亦即公司商品線從巨項拆解到細項，要分幾個大類、幾個系列、幾個SKU（品項）。

正如味丹產品線的大類就有麵、水、酒，水的系列就有多喝水、竹炭水、青草茶、冬瓜茶，多喝水的 SKU 就有 600 ml、1000 ml、1500 ml、2000 ml、5800 ml。

這也意味著經營決策層要清楚公司的 SKU 有多少，不能回答：「很多。」回答「很多」，不清楚確實的數字，經營就會出問題。

第 5 點是經營決策層要確認公司的商品價格政策。這取決於目標市場與定位。例如某個產業的毛利率只有 10%，不代表我們做這個產業只能得到 10% 的毛利率，當我們有品牌、通路價值，價格就可以拉高，也不怕客戶拒買。

第 6 點是經營決策層要確認公司的商品通路政策。目前趨勢是傳統街邊店在沒落，人潮在往電商經濟、鐵道經濟、商城經濟、影城經濟、賣場經濟、量販經濟聚集。我們必須與之接軌，才不會愈做愈辛苦。

第 7 點是經營決策層要確認公司的商品品牌政策，亦即公司品牌要給人的印象認知是高檔、中檔或平價，端視經營決策層的決定。

若以公司商品的價格政策、通路政策與品牌政策觀之，當我們是傳統經銷通路與電商通路同時操作，而我們有品牌，電商通路也是我們自己操盤，電商通路的價格就可以與傳統經銷通路的價格一致，差別只在怎麼玩促銷。經銷商若想亂玩，我們就停止供貨給他。

我們若是不慎把電商通路的價格玩死，得罪經銷商，對策就是帶點「等路」（伴手禮），誠心地向經銷商道歉，取得經銷商的諒解與支持。

　　我們若是有品牌，電商通路也是我們自己操盤，我們在電商通路賣我們的品牌之餘，還可以賣別人的品牌，如此就可以把傳統經銷通路變成取貨站，電商通路接的訂單，可以告訴購買者到傳統經銷通路的哪個點取貨，或者要經銷商到我們這裡取貨、備貨，把生意做給經銷商，不要跟經銷商搶生意，如此兩者就不會有衝突。

　　若是電商通路不是我們自己操盤，我們的商品就不能同時進到電商通路與傳統經銷通路。若要同時進入，商品就要差異化，兩者才不會有衝突。

　　若是電商通路不是我們自己操盤，我們也沒有品牌，只扮演上游供應商的角色，把商品賣給電商，商品價格就視電商怎麼玩而定。通常電商都會玩組合銷售，如此，價格就比傳統經銷通路便宜。

B　　主持商品會議

　　相較於研發商開會議主要在討論 R&D 與 PM1 的情況是如何，商品會議則是在討論商品管理的情況是如何。會議通知與會議記錄示意如下頁。

| PLUS | 會議記錄 |

會議名稱	商品會議			
時間		地點		
主席		記錄人		
出席人				

會議議程	決議內容	待辦事項
A‧上次會議待辦事項		
B‧本次議題		
1‧布達事項		
2‧報告事項		
① 商品開發進度報告		
② 商品銷售檢討報告		
③ 商品銷售成長對策		
3‧討論事項		
① 新品規劃研討		
② 商品結構研討		
③ 商品策略研討		
④ 競爭對策研討		
4‧臨時動議		

議程中的報告事項包括：

① 商品開發進度報告

② 商品銷售檢討報告

③ 商品銷售成長對策

商品開發進度報告，關鍵在一定要有新品導入。

商品銷售檢討報告，關鍵在 PM3 要清楚銷售數字，並做銷售排行榜分析。因為有做銷售排行榜分析，才會知道哪個商品要淘汰，哪個商品要引進，所有商品的周轉情況是如何，目前的壽命週期在哪個階段。

換言之，PM3 不是報告完數字就沒事，還要解讀數字才有價值。

商品銷售成長對策，關鍵在提出如何讓商品賣得更好的市場拓展對策。

議程中的討論事項則包括：

① 新品規劃研討

② 商品結構研討

③ 商品策略研討

④ 競爭對策研討

新品規劃研討，意在討論未來新品的規劃。

商品結構研討，意在討論商品要增加，還是替代。

商品策略研討，意在討論商品要做幾個 SKU，要推出幾支商品。

競爭對策研討，意在「知己知彼，百戰不殆」。由 PM 提出草案，CEO 拍板定案。

要注意的是，科技的進步導致目前的競爭者不再只有業內我們看得到的敵人，還有業外我們看不到的敵人，因此我們不要再以為業內我最熟就有恃無恐，現在是有錢能使鬼推磨，別人有錢就會跨業、跨境進來取代我們。

二　管理階層的職責

A　規劃商品取得策略

1　進行供應鏈管理

2　加強商品供應源開發

3　進行供應商評鑑與管理

4　建立品保與外驗制度

進行供應鏈管理，意指我們的上游供應商要找誰？他可以是半成品供應商，也可以是成品供應商。

加強商品供應源開發，意指我們要不斷開發供應商，擁有很多供應源，從中找出更好、更合適的商品。

進行供應商評鑑，意指對於供應商，我們不能只注意他有沒有準點、準確地把我們要的商品做出來，還要檢視他的經營理念、管理制度、技術開發、生產技術、品保規範、誠信（諸如出貨承諾）是不是符合我們要的。

進行供應商管理，可以遵循採購 ABC 法則。採購 ABC 法則是將供應商分成 A、B、C 三個等級。

① A 級供應商是交期準點或提前，品質穩定，價格合理，內部管理到位，因此可以免驗。

② B 級供應商是交期不穩定，品質不穩定，因此要嚴管。嚴管方式不是貨到才 IQC，現在的主流是 OQC。

③ C 級供應商是交期不準點，品質不穩定，價格不合理，配合度很差，除非我們拿了他的回扣，非用他不可，否則應該放棄淘汰。

建立品保與外驗制度，意指製造業要把 IQC 轉成 OQC，因為有 OQC，外驗團隊在供應商的工廠驗好貨，封箱，就可以直

接出貨，不需要再把貨拉到公司倉庫的待驗區待驗，讓公司要準備很大的空間置放。

B　確認商品結構

1　承接政策展開商品結構規劃
2　規劃商品別結構業績目標
3　規劃區域別結構業績目標
4　規劃通路別結構業績目標
5　規劃客戶別結構業績目標

PM1 要依經營決策層確認的商品「大類→系列→品項」結構來規劃商品。

PM1 規劃好後，還要把總目標（年度業績目標）拆解成商品別、區域別、客戶別、通路別的結構業績目標，再把年度拆解成月份。換言之，總目標不能只有一個總數，必須拆解出結構才行。有拆解出結構，投放的資源與力道才會集中，戰力才會強大。

　　若是站在 PM3 的立場，要做的就是區域別的結構業績目標設定，諸如他負責的 A 類商品要在北區做到 500 萬元，中區做到 300 萬元，南區做到 200 萬元。

　　若是站在業務主管的立場，要做的就是商品別的結構業績目標設定，例如他負責的北區在 A 類商品要做到 500 萬元，B 類商品要做到 300 萬元，C 類商品要做到 200 萬元。

　　這也意味著 PM3 要負起縱向商品線的業績成敗責任，業務要負起橫向區域的業績成敗責任，PM3 與業務之間必須是一體兩面、相輔相成的合作關係，PM3 必須協助業務，把業績做上來，如此雙方才會生死與共。

C　規劃商品 4P 策略

1　商品銷售週期

2　商品售價策略

3　商品通路鋪貨策略

4　商品促銷策略

商品銷售週期，意指科技改變一切，材料科技的進步導致材質替代速度愈來愈快，商品壽命週期愈來愈短，我們無法再靠一個商品支撐公司一輩子，因此要規劃商品壽命週期，推估這個商品推出後可以賣多久。

正如 iPhone 7 以前的壽命週期就是 2 年，iPhone 會每兩年推出一個新款。

商品售價策略，意指我們要以差別取價原則來規劃商品售價，不要很僵化地一個價格賣全世界。

商品通路鋪貨策略，意指一個商品可以鋪進多種通路，我們要規劃我們的商品進入市場是大眾化的全通路都做，還是小眾化的只做特定通路。

商品促銷策略，意指商品促銷是 Case by Case，我們要視市場變化需求來規劃商品如何進行行銷促銷與業務促銷。要注意的是，玩促銷，在規劃時就要訂定預期效益，在結束時就要把預期效益做出來，不能燒錢。

D　進行商品管理

☐　規劃商品備貨管理：總量，供應物流，總分倉管理

2　規劃商品存貨管理：總量，結構量，保存週期

3　規劃商品銷貨管理：BI 分析掌握市場流量（流通數量）

　　規劃商品備貨管理，包括採購總量要備多少，供應物流從採購到進貨到倉儲到發貨要怎麼運作與管理，總倉與分倉要怎麼運作與管理。

　　規劃商品存貨管理，包括存貨總量要備多少，結構量是如何（即每個商品大類要有多少 SKU），保存週期是多久（即商品若有有效期限，就要規劃有效期限在何時）。通常公司會有呆滯庫存，都是因為這裡疏於管理。

　　規劃商品銷貨管理，意指要拿最近 3 年的銷售額、銷售量與銷售毛利做 HPA 分析與銷售排行榜分析，如此，什麼商品賣得好，什麼商品賣不好，什麼商品為什麼賣得好，什麼商品為什麼賣不好，才會了然於胸，知道如何調整。

經營管理的內容

A 研討公司商品規劃

1. 商品線
2. 商品定位
3. 商品供應
4. 商品存量周轉

第一步是確認商品線，亦即把商品線分成幾個大類，例如 X、Y、Z，再把每個大類分成幾個系列，以 X 為例就是 X1、X2，再把每個系列分成幾個品項，以 X1 為例就是 X11、X12、X13。如此規劃才是完整的商品結構圖。

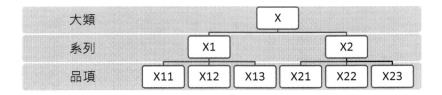

任何產業（製造業、買賣零售流通業、服務業）都要有商品線規劃。以服務業的餐廳為例，大類就有肉類、魚類、蔬菜類、湯品類。肉類的系列就有牛肉、豬肉。牛肉的 SKU 就有蔥爆牛肉、沙茶牛肉。

這也意味著商品規劃不是做多少算多少，這樣會錯亂，必須把商品結構圖畫出來，把過去、現在、未來的商品結構有幾個大類、每個大類有幾個系列、每個系列有幾個品項，整理一下。即便商品有上萬個，也要整理出來，如此才能不斷檢視商品結構合不合理。

我過去主持一家連鎖業公司，整理出來的品項就有 3 萬多個，我對它們做統計分析，並依此淘汰一年周轉不到一次的品項，結果業績就立即翻了 1.3 倍。可見，比起賣一堆商品，賣對商品才有價值。

確認商品線之後，商品要賣給誰，就要定位。當定位清楚了，商品要賣給誰、對誰提供服務、銷售對策是什麼，才會清楚。正如電商不是都是賣平價，當我們商品定位清楚，就知道它還是有高檔、中檔、平價之分，我們的商品若是定位在中高檔，就不會進到平價定位的電商平台，而是會進到中高檔定位的電商平台。

再者，銷售團隊信心不足、士氣低落，通常也是因為商品定位不清楚。商品定位不清楚，銷售團隊不曉得這個商品要賣給誰，就會選錯人而賣得很辛苦，還被人嫌棄。

當商品定位清楚，就要知道商品的供應源在哪裡。而要快速做大，作法就不是為了喝牛奶而養一頭牛，而是要把供應鏈建立起來。供應鏈可分成上游、中游、下游與末端，末端最後再與 USER 端接觸。

對於供應鏈，我們要清楚我們位在哪一階，並且無論我們位在哪一階，都要注意整段的變化，而不是只注意我們這一段的變化。

正如我們位在下游，就要注意中游與上游的變化，如此才知道我們所做為何，為何而做，不會被骨牌效應犧牲。同時，我們也要注意末端的變化，如此才知道怎麼去化庫存而不會呆滯存貨一堆。

通常只有位於上游的企業必須自己設廠，自己做，因為沒有人可以幫忙做。位於中游、下游與末端的企業就不需要自己

設廠，自己做，只要建立好自己的供應鏈，供應鏈就有人會幫忙做。

建立好供應鏈之後，就要把供應鏈開發、管理、評鑑做到位，而不是只會向供應商殺價。殺價只會讓供應商交貨不以我們為優先，交貨品質也不好。

建立好供應鏈之後，清楚商品供應源在哪裡，就要考量商品的存量周轉情況，亦即商品總量要賣多少，基本存量要放多少，要視它的周轉情況與 MOQ（Minimum Order Quantity）而定。

商品存量周轉的最高境界就是豐田的零庫存管理。要做到零庫存管理，就是不要玩製造，只玩買賣，把官網、網路商店或電商平台包裝得十分吸引人，然後買空賣空。

除零庫存管理外，若是評估可行，公司的庫存管理也可以外包給專業做。

正如我過去主持一家連鎖業公司，公司的資材倉是 30 多個倉管員在負責，結果每年都盤虧 1000 PCS 以上，公司還要自己認虧。外包給專業做之後，就連續 3 年都只盤虧 1 PC，對方還自己認賠。雖然外包給專業做要花很多錢，但是花的錢比請 30 多個倉管員的薪水少。

B　確認商品壽命週期

[1]　從 BI 確認 SKU 的週期

[2]　規劃增加與替代

[3]　注意市場的變化趨勢

[4]　注意競品分析

　　從 BI 確認 SKU 的週期，意指任何商品都是有被市場需要才能活著，沒被市場需要就會往生，因此我們要做統計分析，從統計分析結果確認每個商品的每個 SKU、乃至每個系列在市場上可以活多久（賣多久）。

　　規劃增加與替代，意指我們要規劃商品的推陳出新是以增加 SKU 的方式來做，還是以替代 SKU 的方式來做。

　　增加 SKU，意指 SKU 的增加。替代 SKU，意指後面的一代取代前面的一代。正如 iPhone 有 6 也有 6S 就是增加 SKU，從 6 變成 7 就是替代 SKU。

　　要注意的是，替代 SKU 的壽命週期正在縮短，過去可以存活很久，現在因為科技的進步與整合效益價值的出現，後期出現的商品會快速把前期出現的 2 個以上商品作整合替代。正如

綜合維他命出現綜合維他命＋鋅、綜合維他命＋鐵，就是替代 SKU 的很好例證。

注意市場的變化趨勢，意指我們要注意消費能力（支付能力）的變化與消費者追求流行時尚的趨勢。

消費能力減弱，消費市場就低迷。商品沒有跟上流行，消費者就不青睞。正如相機會式微，就是因為相機被智慧型手機的照相功能取代。

可見，當我們覺得商品做得很棒，推出來卻沒人要，我們就要注意市場的變化趨勢，知道市場要什麼，與市場接軌。唯有市場愈多人要我們，我們才愈有價值。

注意競品分析，意指我們要知道這個產業行業的競爭者有多少，活了多久，為什麼可以活這麼久。

誰來做競品分析？因為經營決策層已經背離市場很遠，不會知道市場現況是如何，因此不是由經營決策層來做，而是由第一線的執行者來做。行銷工作者要收集市場情資，業務工作者要反映市場情資。當我們有做競品分析，掌握競品實況，就不會一天到晚擔心害怕。

競品分析的內容有：規格、材質、尺寸、功能、效果、特性、配件、價格、銷售對策。對於競品價格，若是上網收集不到，以消費性產品而言，就是走到當地國逛街，把店家商品陳

列架上賣得與我們相同的商品從頭到尾全部拍攝下來，如此就能獲知。

若是工業性產品，就是直接問客戶。當然，直接問客戶的前提是這個客戶已是我們的粉絲。換言之，我們要培養粉絲來幫我們收集情資。因為客戶都會詢價，客戶一詢價，所有廠商的報價是多少就會立刻知曉。

除直接問客戶外，我們還可以藉由參展問出競品價格。操作上是請 1~2 個外籍工讀生幫我們收集參展廠商的情資。外籍工讀生收集情資需要名片，我們可以幫他印名片，名片上的聯絡電話與地址則是他住家的電話與地址。

因為台灣廠商多是崇洋媚外，看到黃種人不會理會，看到白種人才會理會，因此我們請外籍工讀生幫我們收集情資會比較容易取得。展期若有 4 天，一個工讀生每天收集 5 家廠商的情資，份數就相當足夠。計費方式可以是付鐘點費之餘，情資收集多少再加給多少。

以上 4 個動作（從 BI 確認 SKU 的週期，規劃增加與替代，注意市場的變化趨勢，注意競品分析）也可見，市場情資收集很重要。當我們有將收集來的市場情資進行解析，我們的行銷策略就會愈做愈精準。

C 確認商品結構總量

1 大類數→系列數→SKU 數

2 設定結構目標

3 確認各 SKU 定價

4 X\$÷X 的均價＝X 總量

   Y\$÷Y 的均價＝Y 總量

   Z\$÷Z 的均價＝Z 總量

5 X 總量＋Y 總量＋Z 總量＝公司總預估銷售量

第一步是確認商品結構有幾個大類（X、Y、Z），每個大類有幾個系列（X1、Y1、Z1），每個系列有幾個 SKU（X11、Y11、Z11），把這 3 個位階的結構全部展出來。

大類	系列	SKU
X	X1	X11、X12、X13……
	X2	X21、X22、X23……
Y	Y1	Y11、Y12、Y13……
	Y2	Y21、Y22、Y23……
Z	Z1	Z11、Z12、Z13……
	Z2	Z21、Z22、Z23……

確認商品結構後，就要設定結構目標，亦即 X 類商品要做多少金額，Y 類商品要做多少金額，Z 類商品要做多少金額。三者金額相加，就是業績目標中的產品別結構業績目標，製成表就是「年度結構業績目標表」。

例如年度目標要做 5 億元，以縱向觀之，就要拆解出每月的業績目標要做多少金額（$1，$2，$3……，$12），全部加總起來就是年度目標 5 億元。

以橫向觀之，就要拆解出每個大類的業績目標要做多少金額（X$，Y$，Z$）與多少數量，全部加總起來就是年度目標 5 億元與總量。示意如下：

大類	1	2	3	4	5	6	7	8	9	10	11	12	合計
X													X$
Y													Y$
Z													Z$
合計	$1	$2	$3	$4	$5	$6	$7	$8	$9	$10	$11	$12	5E

當我們有這麼拆解出結構目標，業務團隊每個月要做多少金額、每類商品要做多少金額與多少數量，就會十分清楚，可

以集中火力攻堅。反之，我們若是沒有這麼拆解，只會告訴業務團隊：「你們就盡量去賣。」任由業務自己玩，業績就會怎麼做都不亮麗。

　　結構目標設定清楚後，就要設定每個 SKU 的定價。定價是由公司政策決定。通路定價也是由公司政策決定。不同地區的商品要定價多少，都是由公司政策決定。業務主管要管他的責任區，就要遵循公司的價格政策，但是公司可以給業務團隊授權價，售價可以由業務團隊決定，如此就不必擔心業務團隊亂賣價格。

　　當定價確定，系統導入，公司建立授權機制（例如價格在98% 以上，業務就不必向業務主管請示；價格在 95% 以上，業務主管就不必向 CEO 請示），我們要管理業務團隊的銷售行為就很輕鬆。當業務問我們：「這個價格可不可以賣？」我們就可以回：「歡喜就好。」

　　為什麼歡喜就好？因為業務如果 1 Piece 也降價出售，出貨單就打不出來。這也可見，有系統，公司就不需要養一堆人來做簽核的動作。充分運用科技的力量，以設備系統取代勞動力，公司的勞動成本就會降低。

　　每個 SKU 的定價設定清楚後，以每個大類商品的業績目標金額除以它的平均單價，就可以得到它的總量。而所有大類的

商品總量相加,就是公司的總預估銷售量,公司的銷售預估就做出來。

通常我們做出來的銷售預估都不會 100% 準確,因為有的影響因素可以操之在己,有的影響因素是操之在市場,例如客戶下單非常態,我們的銷售預估就不會準確,但是我們以 99% 的準確度來追求,就能擺脫庫存積壓的困擾。

D 研討商品成功策略

1. 運用安索夫矩陣規劃檢視
2. 整理統計客戶的購買頻度與數量
3. 規劃 SP 促進計畫行銷
4. 規劃 SP 加強重點銷售
5. 注意商品存貨的周轉與呆滯,並採對策

運用安索夫矩陣(Ansoff Matrix)規劃檢視,意指安索夫矩陣的最佳運用方式是用在如何提振業績的對策思考。示意如下:

成長率	舊商品	新商品
新市場	開拓型　　　　　20~40%	開創型　　　　　50~100%
舊市場	維護型　　　　　10~20%	增購型　　　　　20~40%

　　商品有新舊之分，市場也有新舊之分。新商品就關係到商品開發，舊商品就關係到商品週期，商品要在何時淘汰。市場可以區域開發的角度觀之，也可以客戶開發的角度觀之，端視公司行業別而定。

　　當舊商品賣舊市場，就稱維護型成長。因為沒有開發新商品、新市場、新區域、新客戶，因此業績增加很有限，也很辛苦，不管怎麼努力，業績成長率只能達到 10%~20%。

　　這裡的業績成長率是與前期比較。前期，意指上年同期或上個月。通常都是與上年同期比較。沒有的話，才與上個月比較。

　　而要變得不一樣，若是沒有新商品增加或替代，就要以舊商品賣新市場，稱開拓型成長。開拓型成長因為有開發新客戶或新區域，因此業績成長率可以達到 20%~40%。

若是有新商品增加或替代，就可以新商品賣舊市場，稱增購型成長。增購型成長因為有新商品讓舊市場增加購買，因此業績成長率也可以達到 20%~40%。真正會做生意的 Sales 都是在這裡運用組合銷售拉高業績。

當然，業績成長率要更好，就是新商品賣新市場，稱開創型成長。開創型成長因為有新商品，又有新市場，因此業績成長率可以達到 50%~100%。

通常業務團隊若有使不上力的情況，都是因為目標市場不清楚。目標市場不清楚，這不是業務團隊的錯，而是業務主管的錯。因為業務主管的職責就在引導業務團隊：「市場客戶在哪裡，你要怎麼攻堅。」業務團隊只要落實執行就好。

若以業績占比的角度觀之，則橫切成新、舊市場，新舊市場的結構比應為 2：8，亦即開拓型成長＋開創型成長的業績占比是 20%，維護型成長＋增購型成長的業績占比是 80%。若是縱切成新、舊商品，則新舊商品的結構比應為 3：7，亦即開創型成長＋增購型成長的業績占比是 30%，開拓型成長＋維護型成長的業績占比是 70%。

整合觀之，就是維護型成長的業績占比是 56%，開拓型成長的業績占比是 14%，增購型成長的業績占比是 24%，開創型成長的業績占比是 6%。示意如下：

業績占比	舊商品		新商品	
新市場	開拓型	14%	開創型	6%
舊市場	維護型	56%	增購型	24%

我們要檢視公司現況有沒有符合這個業績占比。如果維護型成長的業績占比高於 56%，我們就知道我們太守舊，必須推陳出新。

如果開拓型成長的業績占比低於 14%，或增購型成長的業績占比低於 24%，或開創型成長的業績占比低於 6%，我們就知道這裡使力不足，需要加強。

整理統計客戶的購買頻度與數量，意指我們要對客戶的交易記錄進行統計分析，整理出什麼客戶在什麼時候下過單，下單金額是多少，下單數量是多少。

整理好後，就要分類出誰是每個月下單的客戶，誰是每兩個月下單的客戶，誰是每一季下單的客戶，誰是不定期下單的客戶。因為客戶下單都有習性，我們一整理就可以看出一個脈絡，如此要做銷售預估就會比較準確。

之後時間快到時，我們就可以提醒客戶：「要下單了！」

客戶若回：「我還沒有要下單。」

我們就答：「我推估你會沒貨，需要下單。」

客戶若回：「你怎麼知道？」

我們就答：「我不關心你，要關心誰。」

如此，客戶就會感覺到被關心而說：「好啦！」

換言之，當我們有做客戶購買頻度與數量的整理統計，並從中發現某客戶習慣在每月 20 日下單，我們就不能等到時間到了才作提醒，必須提前到每月 1 日就提醒，如此才是對的客情經營。

若是公司不定期下單的客戶居多數，就意味著我們的客情經營不到位。之後要增加業績，就是把不定期下單的客戶變成定期下單，業績就立即增加。

規劃 SP 促進計畫行銷，這是行銷 SP 要做的事情。

規劃 SP 加強重點銷售，這是業務 SP 要做的事情。

注意商品存貨的周轉與呆滯，並採對策，意指我們要每個月檢討存貨周轉與呆滯庫存的情況，並且每個月訂定呆滯庫存去化目標，責成所有業務、PM、乃至倉管。

換言之，對於商品存貨，PM 要負責管理，資材倉管理員要每個月反映呆滯庫存有多少、品項是什麼、數量有多少，然

後責成業務主管承諾何時把它出清，責成 PM 規劃一個促銷活動讓業務執行來把它出清。

　　呆滯庫存若是老闆不聽我們的勸說，執意買進來造成的結果，我們縱然無辜，也要反映出來讓老闆知情。

E　分析競品銷售對策

1　定期收集競品進行比較分析
2　進行同定位競品的營運策略
3　規劃市場的攻略策略

　　定期收集競品進行比較分析，意指我們要定期上網收集市場情資，同時經常走入市場實地查訪印證，再把市場上所有競品的資訊全部拍攝下來，作為競品分析的依據，如此商品準備才不會落伍。

　　進行同定位競品的營運策略，意指不是所有賣的與我們相同的商品都是我們的競品，只有定位與我們相同的商品才是我們的競品。

　　當我們懂同定位競品，就不會被業務愚弄，亦即當業務業績做不好，理由是我們的價格太貴，我們就可以有底氣地質問他：「你拿別人的便宜貨來跟我們的高檔貨比，你把我們當什麼了？」

　　規劃市場的攻略策略，意指我們要規劃我們的商品如何進入市場，哪個市場要增加多少，方法是什麼。

　　要注意的是，市場就存在那裡，我們不吃，就等於拱手讓給別人吃，因此不能被動防守，被動防守永遠是挨打，必須主動攻擊，主動攻擊才是最佳防守。

　　當我們有把「定期收集競品進行比較分析，進行同定位競品的營運策略，規劃市場的攻略策略」做到位，我們就可以從中找出差異點與機會點，知道誰合理、誰不合理，而可以做出對的銷售對策，提振業績。

經營管理的績效管控要點

A 商品結構達成率

1. 商品大類的業績與銷量目標達成率
2. 客戶別的業績與銷量目標達成率
3. 區域別的業績與銷量目標達成率
4. 通路別的業績與銷量目標達成率

　　商品結構達成率是用於結構業績目標的進度追蹤。因為主軸抓對，精耕進去，就會收到很大的效益。沒有主軸，沒有精耕，都是淺碟進去，出來又回到原點，就沒有效益。而主軸為何？就是結構業績目標。

　　對於結構業績目標，要檢視的是業績（金額）的達成率與銷量（數量）的達成率，包括商品大類的達成率、客戶別的達成率、區域別的達成率、通路別的達成率。

其中，區域別的達成率可延伸至部門別的達成率或人員別的達成率。因為銷售管理的最高準則就是區域劃分，把這個區域交給這個業務負責，檢視的就是人員別。好幾個區域加總起來，檢視的就是部門別。

B 商品命中率

1 設定大類與品項銷量目標
2 定期統計累計達成情況
3 以季或年為週期檢視

商品做出來有沒有大賣？研發、商開、PM、業務是生命共同體，亦即把商品賣好不只是業務的職責，研發、商開與PM 既然把它生出來了，也要負責把它賣好。何謂賣好？檢視的是商品命中率。如何檢視？

一是設定大類與品項銷量目標。銷量目標如何設定？主要是從 BEP（Break Even Point）來推估，亦即要從成本推估要賣多少才能跨過 BEP，之後再乘以我們要賺的利潤倍數就是銷量目標。若是新品，以自主研發的新品而言，就還要包括研發費

用，以 IPO 外購進來的新品而言，就還要包括吃下 MOQ 的費用。

二是定期統計累計達成情況，亦即商品銷售情況要每天追蹤，每天統計。每天統計下來就有每月累計，每月統計下來就有年度累計，如此一來，每天、每週、每月、每季、年度的商品銷售達成情況是如何，就十分清楚。

換言之，檢討商品銷售情況不能只檢討當月，還要檢討累計，把過去的不足補上，依此來判斷，決策的精準度才高。若是只檢討當月，例如只檢討 9 月，9 月做得很好，達成率有 87%，但是 1~8 月做得很差，達成率只有 63%，以 9 月的數字來判斷，決策的精準度就不高。

三是以季或年為週期檢視，亦即商品有沒有命中？不需要每個月檢視，只需要每季或每年檢視一次即可。因為新品上市都不會在一個月內就大放異彩，除非玩飢渴行銷。至於如何檢視？工具就是「HPA 比較與要因分析圖」。

C 提升存貨周轉率

1 買賣業應是 8~12 次

2　製造業應是 6~8 次

3　 OEM 應是 6 次以上

4　 ODM 應是 8 次以上

5　注意銷售統計分析，尋求對策

6　嚴格控管呆滯存貨，即時出清

　　存貨周轉率的標準值是多少？買賣業是一年要有 8~12 次周轉，乃至 15 次周轉，亦即不到一個月就要周轉一次。製造業因為需要備料，因此一年要有 6~8 次周轉。

　　其中，OEM 是一年要有 6 次以上周轉，並且不准有成品庫存。ODM 則因共用料占比多，不需要備很多庫存，因此周轉次數要比 OEM 多，一年要有 8 次以上周轉。

　　注意銷售統計分析，尋求對策，意指我們要做商品別、區域別、客戶別、通路別的銷售排行榜分析，以及 3 年的比較分析，之後套入 80/20 法則，就知道為公司帶來 80% 業績的 SKU 是誰，它們在總 SKU 的業績占比是多少。

　　再者，我們要每天檢視銷售統計分析。有每天檢視，才會有感覺。雖然感覺有快樂，也有痛苦，但是至少可以讓我們看出一個端倪。有端倪，我們就能從中思考對策。若是沒有每天檢視，一直在無感中，銷售就會出問題。

　　嚴格控管呆滯存貨，即時出清，意指管控呆滯存貨不只是業務與 PM 的職責，倉管也要負起連帶責任，亦即開會時，倉管主管不能只報告呆滯庫存有多少，還要報告呆滯庫存去化多少。而為了去化呆滯庫存，倉管主管就要責成業務主管趕快把存貨賣掉。

D　　滯銷存貨降低率

⊡　每月提出
⊡　每月規劃對策
⊡　每月檢討成效
⊡　規劃獎懲措施

　　存貨≠呆滯。存貨還可以出清，呆滯是完全死掉，只能報廢或送人。而如何降低滯銷存貨？

　　一是每月提報滯銷存貨有多少及去化了多少。

　　二是每月針對滯銷存貨如何去化提出解決方案，亦即倉管主管要為滯銷存貨的出清做專案管理，業務主管要帶動業務團隊執行這個出清專案，PM 也要參與其中。

　　我早年主持企業都會要求 PM 要認購滯銷存貨，錢從薪水扣。因為這個商品是這個 PM 決定引進的，因此這個 PM 不能讓這個商品有那麼多呆滯庫存又不必負責。

　　三是每月檢討出清專案執行下來的成效是如何。

　　四是規劃獎懲措施，亦即對於存貨的降低與否，要建立制度來激勵。激勵的方式不只有獎金與升遷的獎勵，適度的告誡與懲罰，也是激勵。

E　提升商品市占率

1　確認 TA（Target Audience）
2　確認市場流行趨勢
3　針對 TA 進行 SP 活動
4　整理現有客戶屬性特色，進行同質開發
5　規劃特別 SP 搶攻市場

　　確認 TA，意指我們要確認我們的目標客群是誰。

　　確認市場流行趨勢，意指我們要確認當前的時尚流行是什麼。要注意的是，時尚流行不是消費性產業的專利，工業性產

業、專業性產業也有時尚流行。

　　針對 TA 進行 SP 活動，意指我們針對我們的目標客群玩促銷。促銷可分成行銷 SP 與業務 SP，兩者的目的都是為了促進業績增加，但是業務 SP 的業績要是行銷 SP 的倍數。因為業務 SP 連毛利都犧牲了。

　　這也意味著業務 SP 不要隨便玩，玩多了就會打壞公司價格，也會給市場錯誤認知，以為我們公司都會打折，於是等到我們公司打折了再買。

　　整理現有客戶屬性特色，進行同質開發，意指我們要把現有客戶分門別類整理出來，再拿新市場客戶進行歸類，歸類一致的，就可以告訴業務團隊，這個客戶歸在 A 類，A 類客戶都買什麼商品，我們拿這些商品賣他，命中率就高。

　　規劃特別 SP 搶攻市場，意指若有呆滯庫存，我們就要規劃呆滯庫存出清的 SP。因為這是特殊情況，因此要有特別的 SP 規劃。特別的 SP 規劃，只要團隊腦力激盪一下，就可以集思廣益，因此在此就不贅述。

專案會議

 **經營管理的職責**

專案管理，英文稱 PM（Project Management），中國大陸稱項目管理。專案管理是計畫管理的細項，與年度計畫成正相關，不只有老闆與主管要會做專案管理，基層人員也有機會承接專案，當專案負責人（Project Leader），因此也要會做專案管理。

一 目標與計畫之關係

A 目標的定義

1 階段性的願景

2 承接企業的上級目標

3 自我改善的重點

4 必須是明確的數據

5　目標永遠是上對下的布達

階段性的願景，意指經營決策層要建立策略地圖。策略地圖就是公司的 5 年發展目標。有 5 年發展目標，年度目標是什麼就很清楚。正如有 2020~2024 年的 5 年發展目標，2020 年的年度目標是什麼就很清楚。

這也可見，2020 年的年度目標不是為了 2020 年而做，而是為了 2024 年而做。當經營決策層如此清楚地告知全員，讓全員知道為何而戰，形成共識，全員就有戰鬥力做到超標，以實現 2024 年目標。

若是經營決策層沒有如此清楚地告知全員，讓全員知道為何而戰，形成共識，大家就會各行其是，各自為政，導致公司橫向協調問題叢生。

承接企業的上級目標，意指部門主管要承接 CEO 給的年度總目標，並將之拆解成部門營運目標；同時，也要了解上級主管（CEO）或直屬主管（協理、副總）對自己部門的期望值是什麼，並將之設定成部門營運目標的一部分。

自我改善的重點，意指部門主管設定部門營運目標的依據除承接總目標、了解主管期望外，還有自我改善。自我改善來自於 O'PDCA 目標管理循環的 A（Action），亦即部門主管要把

自己部門需要改善或者可以做得更好的地方設定成部門營運目標的一部分。

這是因為一個人想要擁有優勢競爭力，靠的不是學歷、資歷，而是改善意識強。改善意識強，就有優勢競爭力；改善意識弱，最終一定被淘汰。

必須是明確的數據，意指目標不是口號，而是必須超越達成的境界，因此它的指標（KPI）必須很明確，不能是純文字敘述，必須量化成金額。因為文字是虛的，金額才是實的。

換言之，績效管理的成敗關鍵在 KPI 設定，KPI 設定的成敗關鍵在數據，數據不是執行者自己設定，而是主管設定給團隊，團隊再依此努力超標。

而目標的設定是先求利潤，還是先求營收？中小微型企業的準則是先求利潤，再求營收。大型以上企業（員工數 300 人以上）的準則才是先求營收，再求利潤。因為中小微型企業要先活著，因此要先求利潤，而擴大成大型企業後，市占率變成首要考量，就要先求營收。

目標永遠是上對下的布達，意指主管要有 Guts（膽識）把我們準備把我們的團隊帶到什麼樣的境界告訴我們的團隊，同時，這個「境界」必須有明確的指標，如此，團隊才會知道自

己所做為何,而不會質疑:「我都有在做,為什麼我要做這麼多?」從而影響戰力。

換言之,目標永遠是 Top down,由上而下,因此主管要把團隊全員集合起來,然後把過去團隊來不及參與的說清楚講明白,再把未來團隊要參與的更加說清楚講明白,這樣團隊落實執行才會篤定、聚焦。

團隊若有疑問,主管也要與團隊研討,研討到團隊全員都清楚這個目標不是天文數字,而是會實現的數字,團隊落實執行才有動力。

我們若是遇到主管不表態,不把目標是什麼講出來,就要主動問主管,問出答案,不要讓他以為我們和他有默契,知道他要的是什麼。

B 計畫是超標的執行對策

1. 計畫永遠是超標的執行對策
2. 企業中的每個人都要有執行計畫
3. 計畫分成經營計畫與工作計畫
4. 計畫是以每個團隊與各員的目標為依歸

目標是上位者要設定，計畫是執行者要訂定。執行者訂定計畫，注意事項如下：

第 1 點是訂定計畫要講求超標，而不是達標。因為目標是標竿，標竿是拿來超越用。再者，人有惰性，做事會打折，因此講求達標，執行結果就不會達標，只有講求超標，執行結果才會達標。

這也意味著我們承接了主管給的目標，就要傾全力思考如何超標，而不是抱怨目標訂得太高，做不到。若有做不到的困擾，就要在承接目標時討論溝通。若是承接目標時不講出來討論溝通，就意味著自己接受了。而接受了，就意味著只能使命必達。

第 2 點是除生產線作業員與門市店員外，每個人都要訂定執行計畫，包括工讀生在內。當每個人都有執行計畫，再導入績效考核機制，全公司的績效考核就有依據，就能公平、公正與公開。

第 3 點是部門主管要訂定年度經營計畫，課級主管與基層人員要訂定年度工作計畫。兩者的最大不同在於：年度經營計畫需要編列部門預算，因此會是厚厚的 10~20 多頁。年度工作計畫則不需要編列預算，只要 1 頁即可，使用的是「計畫執行進度表」。

第 4 點是公司要如何營運，不是用講的，而是要變成執行的依據，這個執行的依據就來自目標與計畫，因此計畫不能隨便亂寫，不能想到什麼就寫什麼，必須有標竿。有標竿，依標竿而寫的計畫才有價值。沒有標竿，無論計畫寫得再美好，都是騙人的。

C   計畫是專案的彙總

① 每個經營計畫或工作計畫都是所有專案的彙總

② 計畫＝專案 1＋專案 2＋……＋專案 N

③ 專案分為專屬與矩陣兩種

專案不是獨立存在，而是計畫的一部分，因此不訂目標與計畫，專案就是騙人的，專案就是臨時起意的。而專案是臨時起意的，就會因為沒有基礎，猶如建在沙灘上的高樓，一經風吹就倒塌，即便眼前的「點」得到好處，後頭的「面」也會受到傷害。

何謂專案？專案來自計畫的拆解，一個年度計畫會拆解成很多個執行專案。所有專案彙總起來就變成計畫。

專案可分成專屬專案與矩陣專案。專屬專案，意指這個專案是由我的部門團隊獨力運作，我的部門團隊可以自己做、自己承擔，不需要其他部室參與。例如這個專案是我業務部專屬的專案。

矩陣專案，意指這個專案需要跨部室參與，需要組成專案小組來做。例如這個專案除我業務部外還需要技術、生產、財會單位來參與。

專屬專案與矩陣專案之間，專屬專案執行出來的效果比較好。因為專屬專案是我的部門團隊獨力運作，大家認知一致，執行起來比較順遂。矩陣專案因為是跨部室協作，大家認知未必一致，因此執行起來多有掣肘。

矩陣專案若要執行起來順遂一點，專案負責人就要做好整合與協調的工作。專案負責人若是協調不來，上位者就要出面仲裁。

D　目標是上對下，計畫是下對上的承諾

1　年度計畫

2　月度計畫

3 週進度

4 日重點

5 自我管理的基本功

目標永遠是 Top down，由上位者設定給下位者；計畫永遠是 Bottom up，由下位者提報給上位者；因此上位者要能向下說清楚講明白目標是什麼，下位者要能向上位者承諾目標如何實現。

下位者如何向上位者承諾？就是將年度計畫拆解成月度計畫，月度計畫拆解成週進度，週進度拆解成日重點。如此依序拆解下來後，就是練好自我管理的基本功，而不是等著被主管要求。

自我管理的基本功就是今日事今日畢。當我們有今日事今日畢，沒有事情延宕、Delay，日的彙總就變成週，週的彙總就變成月，月的彙總就變成年。當每日重點都有達成，週進度就有達成。當每週進度都有達成，月目標就能實現。當每月目標都有實現，年度目標就能實現。

二　經營決策層的職責

A　確認經營目標

CEO 要設定公司總目標，CEO 身邊的重要主管（協理級或副總級主管）或重要幕僚（大特助）要協助 CEO 完成公司總目標的設定。

B　確認專案數

當經營決策層確認公司總目標，確認公司有幾個大專案要做，部門主管就要承接過來變成中專案，課級主管就要承接過來變成小專案。

C　確認專案效益要求

有專案要做，就要花錢，花錢不能浪費，因此必須確認專案效益，亦即做這個專案，花了這些錢，要產生多少效益。效

益就是標竿（Benchmark），標竿就是 KPI。KPI 必須量化，執行才會到位。

諸如參展專案，年度要參加 3 個展，就要載明這 3 個展分別是哪 3 個展，各要花多少錢，各要創造多少業績或各要新增多少客戶數。若是沒有這樣量化的載明，這個參展專案就是在燒錢，不參展也罷。

又如出差專案，同樣也要載明這趟出差要花多少錢，回來後要增加多少客戶數或增加多少業績。若是沒有這樣量化的載明，這個出差專案就是在亂花錢，不出差也罷。

三　管理階層與執行團隊的職責

A　規劃專案的計畫

1. 每一任務就是一專案
2. 任務是計畫的一部分
3. 計畫是超標的執行對策
4. 要建立專案計畫與團隊

何謂專案？每一個任務就是一個專案，諸如參展就是一個專案，出國拜訪客戶就是一個專案，辦活動就是一個專案，研發一個新品就是一個專案，員工旅遊就是一個專案，蓋新廠就是一個專案。

而每一個任務就是一個專案，很多個專案彙總起來就是計畫，計畫就來自專案的彙總，專案就是計畫的一部分。

專案計畫是為了超標而做，因此專案負責人承接了上位者給的專案任務，當上位者給的專案目標是 100%，自己就要訂出 120% 的超標對策。

因為人會諒解自己，凡事自動打 9 折，若是專案計畫訂的是 100% 的達標對策，最後達成率就會只有 90%，必須訂 120% 的超標對策，最後達成率才會是 100%。

因為專案負責人承接專案任務，不是靠自己一個人獨力完成，而是靠團隊協作完成，因此專案負責人要訂定專案計畫，思考規劃 5W2H 中，我的團隊在哪裡、我要交給誰去做，我要何時做，我要做什麼，我要在哪裡做，我用什麼去做，我要花多少錢去做，我要怎麼做。當專案計畫訂好了，就可以成立專案小組來執行。

B 　擬定專案計畫

專案計畫如何訂定？架構如下：

1. 專案名稱
2. 專案目的
3. 專案目標
4. 專案對象
5. 專案時間
6. 專案地點
7. 專案活動內容
8. 專案工作小組
9. 專案應備用品
10. 專案預算
11. 專案成效管控
12. 專案效益檢討

專案名稱，意指這個專案是什麼專案，這個專案的主題是什麼。例如 10 月要辦員工海外旅遊，專案名稱就可以訂為遨遊專案。11 月要辦新品發表會，專案名稱就可以訂為 AAA 新品發表會專案。

專案目的，意指這個專案要實現什麼樣的情境。例如遨遊專案的目的是為了增廣見聞，拓展視野。AAA 新品發表會專案的目的是為了拓展經銷通路。

專案目標，意指這個專案要做到什麼樣的境界。例如遨遊專案的目標是要到新加坡體驗當地人文文化，了解新加坡何以能有如此的蛻變。AAA 新品發表會專案的目標是要擁有 5 家經銷商，創造 5000 萬元業績。

這也可見，目的 ≠ 目標。目的是一個情境、境界，目標則要量化成銷售額、銷售量、客戶數等金額或數量。

專案對象，意指根據這個專案的目的、目標，這個專案要針對、鎖定的目標對象、TA（Target Audience）是誰，要找什麼人來。例如 AAA 新品發表會專案的 TA 是經銷商。業務的 TA 是客戶，IPO（外購）的 TA 是成品供應商，教育訓練的 TA 是公司人員。

專案時間，意指這個專案預計在什麼時間執行。這個時間可能是定點（某個日期），也可能是期間（某個時間段）。例如遨遊專案的出國旅遊時間是在 10/9~10/12。AAA 新品發表會專案的活動舉辦時間是在 11/1。

專案地點，意指這個專案預計在什麼地方執行。例如遨遊專案的地點在新加坡。AAA 新品發表會專案的地點在台北五星

級飯店。提醒的是，活動地點的選擇要符合 TA 的需求，不能太摳門。

換言之，要辦貴婦級商品的新品發表會，活動地點絕對不能選在村姑會去的地方、給人廉價感覺的地方。選在這裡，貴婦一定不會來。必須選在貴婦會去的地方、給人專屬感覺的地方，貴婦才會來。

專案活動內容，意指這個專案要做什麼事情，步驟流程是什麼，需要多少人來做。專案計畫的整個架構中就屬這個部分所占篇幅最多，5W1H（人時事地物錢）中的人事物都在這裡載明。

專案工作小組，意指這個專案要配置的執行團隊需要什麼樣的人來參與，工作如何分配，職責各是什麼。

專案應備用品，意指執行這個專案需要準備什麼樣的製作物、裝潢、道具。

專案預算，意指執行這個專案預計花多少錢。例如遨遊專案要花 60 萬元。

提醒的是，預算編列不是愈省錢愈好，而是錢要花在刀口上，花該花的錢。若是太摳門，摳到做不出效益，就不如不做也罷。比起斤斤計較於花多少錢才好，該斤斤計較的應該是錢花了之後得到什麼效益。

專案成效管控，意指執行這個專案預計得到什麼結果，為了得到這個結果，就要有清楚的溝通、說明與訓練，還要有籌備會，並有甘特圖來管控。

專案效益檢討，意指執行這個專案預計達成什麼效益（例如增加多少業績、多少客戶數）。這也可見，錢不能亂花，要想清楚能把花的錢賺回來再花。

C　規劃團隊的分工

當專案負責人訂好專案計畫，並依此組成專案小組，就要對專案小組成員分派工作，把專案工作中什麼事情由什麼人來做，說清楚講明白。

D　規劃專案的執行重點

當專案小組開始落實執行，專案負責人就要在甘特圖（計畫執行進度表）建立管控重點（哪個工作重點要在哪個時點追蹤檢視）來按時檢查小組成員的執行進度與計畫之間有沒有落

差,而不是等到結果出來才檢視。等到結果出來才檢視,就會
事到臨頭,事情還是晾在那裡,沒有完成。而如何檢查小組成
員的執行進度?靠的就是專案會議。

E　提升專案的效益

　　當專案執行出結果,就要評估效益,如此才能知道我們做
得對不對。這也意味著專案有做不重要,有做出效益才重要,
因此專案負責人要時時想著這個專案的效益如何拉高,而不是
目標如何達成。當我們有超標的努力,效益才會很好。當我們
只有達標的努力,效益就不會很好。

F　確保專案的成功

　　專案要做出效益,就要緊密追蹤管控專案執行進度有沒有
跟上。千萬不要以為有交代,他們一定會做。有交代≠會做。
專案負責人若是有交代而不密切追蹤管控專案執行進度,專案
執行到最後一定失控。

G　提升整合的價值

因為一個專案有很多事情要做，它涉及很多功能，需要不同功能的專才來專業分工，而專案負責人要帶動這些專才來執行，因此自身不能是只懂專業的專才，必須是八大功能（行人生財研總資管）都懂的全才，如此才知道什麼能做、什麼不能做，如何整合資源，整合不一樣的意見，引領小組成員同心協力地創造 1＋1＞2 的綜效。

H　召開專案會議

為了追蹤管控專案執行進度有沒有跟上，專案負責人要召開專案會議。

專案會議不只有專案小組成員要參加，專案小組成員的主管也要參加，或者專案負責人要把專案行程告知專案小組成員的主管，讓專案小組成員的主管知情，如此，專案小組成員的主管才知道他的部屬在這個專案要負責什麼工作，他要如何督促他的部屬。至於專案會議的會議通知與會議記錄為何？示意如下頁。

PLUS 會議記錄

會議名稱	××專案會議		
時間		地點	
主席		記錄人	
出席人			

會議議程	決議內容	待辦事項
A‧上次會議待辦事項 B‧本次議題 1‧布達事項 2‧報告事項 ① 專案布達與說明 ② 專案進度執行報告 ③ 專案預算執行報告 3‧討論事項 ① 如何提升專案執行績效 ② 如何提升成員協調效益 4‧臨時動議		

議程中的報告事項包括：

① 專案布達與說明

② 專案進度執行報告

③ 專案預算執行報告

第一次開會要做專案布達與說明，接下來的開會則做專案進度執行報告與專案預算執行報告。

其中，專案進度執行報告的關鍵在每個階段都要召開專案籌備會來作進度追蹤。若是太大意，以為自己說了，大家聽了都會做，於是等到時間到的前一天才追蹤，就會因為大家做的與自己想像的不一樣而火燒眉頭。

議程中的討論事項則包括：

① 如何提升專案執行績效

② 如何提升成員協調效益

如何提升專案執行績效？專案負責人要召集小組成員來集思廣益。

如何提升成員協調效益？專案負責人要會整合，也要能打破既有的認知，不要以既有的認知認定某件事只有某個人可以做，有時候讓其他人來做會做得更有創意價值。

 **經營管理的內容**

A 制定專案計畫

專案負責人承接了專案任務，就要訂定專案計畫。專案計畫有 12 大架構，分別是：名稱、目的、目標、對象、時間、地點、活動內容、工作小組、應備用品、預算、成效管控、效益檢討。詳見前文第 307 頁。

B 注意過程管理

1. 要召開專案籌備會
2. 要進行專案訓練說明會
3. 要階段進行進度成效檢討
4. 必要時進行改善修正
5. 全程均是為實現專案效益

專案執行要超標，專案負責人就要注意過程管理。過程管理要注意什麼？

一是專案負責人訂好專案計畫後就要召開專案籌備會。專案籌備會要召集的人不只有參與專案的人，還有參與專案的人的主管，如此，參與專案的人何時要做到什麼進度，他的主管才會知情，才能幫專案負責人督促。

換言之，專案小組成員沒有頭銜的問題，專案負責人就是專案小組的發言人，專案小組全員都要聽從專案負責人的規劃與安排。

專案負責人可以是主管的身分，也可以是基層人員、非主管的身分。當專案負責人是基層人員，而專案小組成員中有經理、協理、副總，經理、協理、副總也要聽從專案負責人的規劃與安排，不能拿頭銜來壓人。

當然，專案小組全員要聽從專案負責人的規劃與安排，專案負責人並不能指揮全員，只能追蹤全員的進度。若是協理的進度有落後，專案負責人就只能拜託他跟上進度。若是他仍無動於衷，專案負責人就是告知他的主管，亦即 CEO，讓 CEO 督促他。

換言之，專案負責人只有統合權，沒有命令權。專案負責人只負責統合資源，把專案執行成功。專案負責人不能命令專

案小組成員。而專案負責人不能命令專案小組成員，如何把專案執行成功？就是把專案內容、專案行程告知他的主管，讓他的主管知情。之後，專案執行時，就由他的主管指揮他，專案負責人追蹤他的進度。

他若沒有跟上進度，專案負責人就告知他的主管：「拜託了，你們負責的部分 Delay 了，麻煩你幫我催促他一下。」如此，他的主管就會催促他跟上進度。

二是專案負責人要召開專案訓練說明會。因為專案負責人訂定的專案計畫只有自己最清楚，參與專案的人不會清楚，因此專案負責人要對專案小組成員做告知、說明、訓練的動作。專案負責人告知、說明、訓練時，也要把專案小組成員的主管找來，讓他一併了解。

三是專案負責人要階段進行進度成效檢討。因為專案執行後未必一帆風順，當專案負責人只交代，不追蹤，結果就會事與願違，非常失望。

不想失望，就要定期追蹤，至少每週開週會追蹤進度。若是抽不出時間開會，也可以利用 LINE、Skype、WeChat 等即時通訊軟體來追蹤進度。不要拿「自己很忙」當藉口。再忙，也要每週關心一下。

四是專案負責人在必要時要進行改善修正。因為有追蹤進度，就會發現專案執行結果與專案目標有所落差，或是專案執行下來還有不周延的地方，如此就可以邊做邊修。邊做邊修就意味著精益求精。

換言之，不要擔心專案做得不完美，因為只要是人做的都不會完美，我們只要朝著完美的方向努力就值得肯定。

再者，改善修正的準則是目標不能變，計畫可以微調，亦即不要怕計畫跟不上變化，要怕的是計畫過於僵化。計畫不能僵化，當 A 計畫出來，若是發現苗頭不對，就要有 B 計畫來替代、應變。

五是專案負責人要把專案效益做出來，不能拿「我已經盡力了」當藉口。雖然專案是交給專案小組成員執行，但是專案負責人要負成敗責任，因此要把向上承諾的「我承接這個專案會做出什麼效益」兌現。

C 　確定專案組織

1 　跨部門單位參與
2 　矩陣組織

3　專案主管負規劃與督導責任

4　直屬主管負追蹤進度責任

專案負責人要確定專案小組的運作。如何確定？當參與專案的人需要跨部室從其他部門單位調人來做，就會產生非常態的矩陣組織，需要另外成立一個專案小組來負責這個專案。負責這個專案的頭頭就是專案負責人。

專案負責人沒有管理權。專案的執行是專案負責人知會參與專案的人的主管來管控這個參與專案的人的執行進度。參與專案的人不能有 2 個主管。有 2 個主管，傳達就會出問題，參與專案的人就不知道要聽誰的而無所適從。

換言之，專案執行要成功，就不能有雙頭馬車，甚至多頭馬車。有雙頭馬車，甚至多頭馬車，專案執行就會亂成一團。專案執行要成功，就要一個人只有一個直屬主管，這個直屬主管是負責這個人的進度追蹤與管理。這個人參與的專案，其專案主管（專案負責人）則負責規劃與督導。

若要究責，則專案執行的 KPI 除專案主管要扛，參與專案的人的直屬主管也要扛。因為他的人會參與這個專案，就是因為他忙不過來，才會派他的人代表他來參與這個專案，因此他不能置身事外。

D　注意整合管理

1　整合就是資源的充分運用
2　整合就是溝通協調的順暢
3　整合就是讓目標最大效益化
4　整合就是讓團隊產生共識認同

專案負責人要把自己打造成團隊的整合者，做好整合管理的動作。整合管理要做什麼？

一是資源的充分運用，亦即專案執行要成功，專案負責人就不能放牛吃草，導致資源浪費，必須主動溝通協調，把所有資源彙整在一起，產生綜效。

二是溝通協調的順暢，亦即專案執行要順遂，專案負責人就不能坐在那裡等人來問，必須把自己的想法與規劃主動向專案小組全員說清楚講明白，不要讓人猜。當專案負責人有把自己的想法與規劃說清楚講明白，全員都有共識，執行起來就不會各行其是，導致資源浪費。

三是讓目標最大效益化，亦即專案計畫的規劃執行只有講求超標，自動打折下來才會達標。而講求超標的認知不能只有少數人持有，必須全員都有共識，效益才能彰顯。若是專案負

責人、乃至參與專案的人的直屬主管都把它當成例行工作,不在意結果如何,專案效益就不會彰顯。

四是讓團隊產生共識認同,亦即專案負責人要把團隊整合起來,使之共識認同一致,團隊士氣才會被凝聚得很高,可以同心協力把專案做好,力量不會分散。若是專案負責人只會製造內部分化、恐怖平衡,團隊就會分崩離析。

而要知道團隊士氣凝聚得如何,我們有沒有得到團隊的認同?最簡單的測試方式就是聚餐。

我們可以辦個聚餐,早一點到,坐在主桌,觀察誰會來坐主桌。當來到主桌前問我們「可不可以坐這裡」的人愈多,就意味著我們得到的認同愈多。當我們是孤零零的一個人坐在主桌,就意味著沒有人認同我們。

E　加強效益展現

1　處處以效益達成為思考

2　不斷集思提升效益對策

3　落實階段成效管控掌握

4　專案與計畫均應重視績效檢討

專案計畫的規劃執行是為了創造超標效益。如何創造超標效益？

一是專案負責人的所有思考都要聚焦在「如何將專案做出效益」上。再好的點子也不能一時興起就急就章，必須先確認可以什麼方式超標，才能落實執行。

二是專案負責人要召集團隊來集思廣益，想出如何提升效益的對策方案，不要一意孤行，獨斷獨行。一意孤行，獨斷獨行，就會孤陋寡聞，民心向背。

三是專案負責人為了整合來自各個專業功能的專案小組成員，必須思考周密，不讓專案執行漏東漏西，必須密切追蹤管控，不讓專案執行進度落後。

密切追蹤管控，若以參與專案的人的直屬主管而言，要做的就是每天開朝會，看日報表；每週開週會，追蹤週進度；每月開月會，評估月績效。不能因為很忙就打折。因為很忙就打折，因為很忙就不看日報表，不開週會、月會，團隊運作一定失控。

若是抽不出時間開週會，追蹤週進度，也可以利用 LINE 建立的群組作即時的提醒、要求與回饋，亦即從日報表發現進度有落後，就 LINE 一下，要負責人限時回報。

　　四是專案負責人在專案執行結案後要作績效檢討來精益求精。不作績效檢討來精益求精，下次再執行類似的專案就會重蹈覆轍，最後以失敗告終。

F　排定執行進度

　　專案負責人要追蹤管控專案執行進度，是運用甘特圖整理出專案計畫執行進度表。

　　因為有的專案執行是一整年，有的專案執行是跨月，有的專案執行是跨週，因此「執行時間」可視專案執行的時間單位拆成月（1~12）或拆成週（第一週至第五週）或拆成日（1~28或 1~30 或 1~31）。示意如下：

項次	目標	執行計畫	執行時間												執行者	備註
			1	2	3	4	5	6	7	8	9	10	11	12		
1																
2																
3																

項次	目標	執行計畫	執行時間					執行者	備註
			第一週	第二週	第三週	第四週	第五週		
1									
2									
3									

項次	目標	執行計畫	執行時間											執行者	備註
			1	2	3	4	5	6	…	27	28	29	30	31		
1																
2																
3																

　　專案計畫執行進度表中，目標就是 KPI。KPI 除執行者要扛外，他的直屬主管也要扛，如此，大家才會生死與共，同心協力來完成這個專案。

G　規劃專案預算

　　因為專案執行要花錢，因此要編列預算。換言之，當專案負責人把專案計畫做出來，就要編列專案預算。專案預算如何

編列？使用的是「專案費用工作底稿」，一個專案用一張，格式如下：

專案名稱			
專案代號			
科目	內容	發生月份	金額
合計			

專案費用工作底稿中，設計「專案代號」一欄，為的是方便管理，因此做任何專案都要有一個代號，這個代號的編號方式可以是「公司部門名稱＋6 個數字」，6 個數字的前 4 個代表年份，後 2 個代表排序。

至於「科目」一欄，填的是會計科目。「內容」一欄，填的是要花什麼錢的敘述。「發生月份」一欄，填的是這筆錢會在什麼時候發生。「合計」一欄，填的是這個專案總共要花多少錢。以參展為例，示意如下：

專案名稱	參加 2019 台北國際攝影器材展		
專案代號	SD201903		
科目	內容	發生月份	金額
租金支出	租 40 個攤位	2019/9	189 萬元
修繕費	攤位設計裝潢	2019/9	100 萬元
運費	參展品、製作物運出	2019/9	10 萬元
誤餐費	4 天展，一人一天 200 元，共 25 人	2019/9	2 萬元
合計			301 萬元

　　從「合計」可見，執行這個專案總共要花 301 萬元。這也可見，執行這個專案的預算是多少，從「專案費用工作底稿」就可得知。當然，完成「專案費用工作底稿」之後，接下來的執行重點就不在這 301 萬元，而在花了這 301 萬元，要賺多少錢回來。

H　管控進度成效

　　當專案開始執行，專案負責人就要根據專案計畫執行進度表的規劃來追蹤管控專案執行進度。

I 召開專案會議

專案會議的性質可分成 3 種：第一次開的是專案訓練說明會，第二次到第 N 次開的是專案籌備會，最後一次開的是專案結案會議。

其中，專案結案會議做的是專案成效總檢討，要提出檢討報告（內容包括改善對策）。檢討報告一出來，就要歸檔，歸檔的好處在於：之後有相同的任務就不需要重新花心思做專案計畫，只要 20 分鐘就可以提出專案計畫。

換言之，相同的任務，專案計畫的架構都是一樣的，我們只有第一次做專案計畫需要從零開始，之後做專案計畫就不必從零開始，只要把前頭成功的部分繼續延續，前頭失敗的部分改善修正，如此，專案計畫就會愈做，精準度愈高；愈做，完美度愈高。

經營管理的績效管控要點

A 專案目標的設定

有專案，就要設定專案目標。專案目標的設定不是根據統包的概念，而是根據邏輯拆解的概念。若是根據統包的概念來設定專案目標，執行起來就會窒礙難行。

而何謂邏輯拆解？就是：專案是來自計畫的展開，計畫是來自目標的展開。專案、計畫、目標之間不是各自獨立，而是一個目標會展出很多計畫，一個計畫會展出很多專案，這時站在專案的角度觀之，計畫就變成專案目標，它的執行細節就在專案裡頭。

例如年度目標要做 6 億元（1），計畫就是要從這 6 億元拆解出產品結構目標，諸如 A 類產品要做 3 億元（1.1），B 類產品要做 2 億元（1.2），C 類產品要做 1 億元（1.3），合計起來就是 6 億元。

計畫如何實現？以 A 類產品要做到 3 億元的結構業績目標
（1.1）為例，就可以是在 A 區要做 1 億元（1.1.1），在 B 區
要做 1.5 億元（1.1.2），在 C 區要做 0.5 億元（1.1.3），合計
起來就是 3 億元。這就是專案目標。

目標	➡ 計畫	➡ 專案
1	1.1	1.1.1
		1.1.2
		1.1.3
	1.2	1.2.1
		1.2.2
		1.2.3

若是 A 區很大，需要 3 個業務來負責，就可以是業務甲負
責 A1 區要做 0.5 億元，業務乙負責 A2 區要做 0.3 億元，業務
丙負責 A3 區要做 0.2 億元，合計起來就是 1 億元。這也是專
案目標。

可見，目標是一個大的標竿，把一個大的標竿拆解成很多
小的標竿，從巨項往細項拆解，一直拆解到末端，無法再往細
項拆解，就是專案。

若以商開為例，對於 6 億元的業績目標，它的計畫也可以是舊品改良要做 5 億元，新品開發要做 1 億元，合計起來就是 6 億元。而新品開發要如何做到 1 億元，它的專案目標就可以是新品 X1 要做 0.5 億元，新品 X2 要做 0.3 億元，新品 X3 要做 0.2 億元，合計起來就是 1 億元。

這也可見，商開要有專案計畫。若是邊做邊看，看市場上哪個商品賣得好就拿來做，就會找不到對的商品，也做不到業績目標。

當專案目標設定好，就要思考哪個專案適合誰來做。這也是因事尋人的概念，亦即專案要先有條件設定，再找適合條件的人來做。而適合條件的人可以來自內部，也可以來自外部。若是來自內部，就要有矩陣專案。若是來自外部，就要有外包專案。

B 專案 KPI 的設定

有專案目標，就要有目標的 KPI 值。目標的 KPI 值如何設定？一定是量化的金額、數量、百分比。管控進度，檢視的才是時間（日期、天數）。

以研發商開為例，目標的 KPI 值可以是商品開發了幾件進來，進來的每件商品在一個檔次的時間內要賣出多少金額、多少數量，命中率要多少。

以人力資源為例，目標的 KPI 值可以是人力招募活動要辦幾場，每場錄取多少人；管理階層養成訓練要辦幾場，共要培養幾個繼起接班人，共要升遷多少人；離職率要控制在多少以下，缺勤率要控制在多少以下。

以業務和 PM（Product Manager）為例，目標的 KPI 值可以示意如下：

	A 類商品線	B 類商品線	C 類商品線	合計
北區	0.5E	1.0E	0.8E	2.3E
中區	0.3E	0.5E	0.3E	1.1E
南區	0.2E	0.5E	0.4E	1.1E
合計	1.0E	2.0E	1.5E	4.5E

業務負責的是橫向區域的 KPI 值，PM 負責的是縱向商品線的 KPI 值。以 PM 來說，負責 A 類商品線的專案 KPI 值是 1 億元，負責 B 類商品線的專案 KPI 值是 2 億元，負責 C 類商品

線的專案 KPI 值是 1.5 億元，合計起來是 4.5 億元的總營業目標。

以業務來說，負責北區的專案 KPI 值是 2.3 億元，負責中區的專案 KPI 值是 1.1 億元，負責南區的專案 KPI 值是 1.1 億元，合計起來也是 4.5 億元的總營業目標。

這是大專案。若要拆解成小專案，以 A 類商品線為例，就可以是負責北區的專案 KPI 值是 0.5 億元，負責中區的專案 KPI 值是 0.3 億元，負責南區的專案 KPI 值是 0.2 億元，合計起來就是 A 類商品線 1 億元的營業目標。

以北區為例，就可以是負責 A 類商品線的專案 KPI 值是 0.5 億元，負責 B 類商品線的專案 KPI 值是 1 億元，負責 C 類商品線的專案 KPI 值是 0.8 億元，合計起來就是北區 2.3 億元的營業目標。

若以產銷管理的 SOP 觀之，銷售預估的專案 KPI 值就是由業務來扛，業務要做產品結構目標的拆解。

之後，轉到生產排程，生產排程的專案 KPI 值就是由生管來扛，生管要規劃什麼產品要自製、什麼產品要外包、什麼產品要外購。需要自製、外包的產品就會轉到生產單位，需要外購的產品就會轉到商開、採購單位。如此一來就會有很多專案出現。

　　若是出現呆滯庫存，它的專案 KPI 值就是由業務、PM、研發商開、倉管來扛。以上例而言，4.5 億元的總營業目標就包括呆滯庫存的去化。

　　呆滯庫存要去化多少？標準值是每年去化 30%。例如呆滯庫存有 100 萬元，其中 30 萬元就要計入總營業目標。若是去化 2 年還有呆滯庫存，就忍痛切貨切掉，不要覺得好好的、還可以用，就惜售。

　　惜售的話，根據國際會計準則，損益表的損項認列存貨跌價損失，存貨就會放愈久、愈不值錢，最後淪於送人也遭人嫌棄、必須花錢把它清掉的下場。

C　專案的執行進度成效

　　因為有的專案執行會跨週，有的專案執行會跨月，有的專案執行要一整年，有的專案執行（例如 R&D）要跨年，因此專案執行要有成效，除部門主管對參與專案的部屬的 KPI 要設定清楚，同時做好督促的工作外，專案負責人也要管控好日、週、月的進度，並在結案後作結案檢討。

D　專案協調與溝通

專案協調與溝通，目的是為了如期實現專案目標。如何進行專案協調與溝通？靠的是專案籌備會。專案籌備會，或稱專案進度追蹤會議，它可以與週會結合在一起召開，也可以單獨召開。

專案負責人不開專案籌備會就是失職。開專案籌備會不需要勞師動眾，可以一對一，也可以一對二。需要找來開會的人都是進度落後的人。進度跟上的人就不需要找來開會，以免一堆人晾在那裡，變成會議專家，不必做事。

專案籌備會多久開一次？通常一個專案至少要開 4~6 次籌備會。有的籌備會是一週開一次，有的籌備會是兩週開一次。若是該專案 3 個月後就要執行，它的籌備會至少就要每月開一次。不開，一定以失敗告終。

E　專案激勵

正如「偷雞也要蝕把米」，不灑米，雞不會來，專案執行也不例外。專案執行要成功，同樣也要給激勵。給激勵最有效

的方式就是發獎金。專案績效分數好的人，獎金就給的多；專案績效分數差的人，就不給獎金。如此，專案團隊就會積極主動參與投入。

而激勵的獎金要怎麼發、發多少？準則就是公司毛利金額的 10%。例如公司毛利金額是 4000 萬元，可以發放的獎金總數就是 400 萬元。

若要拿其中的 200 萬元作為年終獎金，其餘的 200 萬元就可以是把 150 萬元分來作業務獎金，50 萬元分來作研發商開獎金。這樣的設計就意味著只要研發商開協助業務做生意達標，同樣可以拿到獎金，如此，研發商開就不會把商品做出來之後就不管它的生死。

F 專案效益 / 專案目標達成率

專案效益檢視的就是專案 KPI 值的達成率，亦即專案要執行，就要花錢，花了錢就要把效益做出來。專案管理要用心的地方就是如何把效益做出來。當我們有這樣的認知，就會想方設法，使命必達。

國家圖書館出版品預行編目資料

這樣開會效益最高：七大類別的會議,這樣帶最不浪費時間又有效 /
　陳宗賢主講；陳致瑋,吳青娥整理. -- 初版. -- 臺北市：致鼎國際,
　2019.09
　　面；　公分
　ISBN 978-986-95839-5-4（平裝）

　1. 會議管理

494.4　　　　　　　　　　　　　　　　　　　　　　108013511

這樣開會效益最高
七大類別的會議，這樣帶最不浪費時間又有效

主　　　講	陳宗賢
整　　　理	陳致瑋、吳青娥
責任編輯	吳青娥
出　　　版	致鼎國際有限公司
	110 台北市信義區光復南路 495 號 9F-2
	電話：+886.2.2717.1919
	傳真：+886.2.2717.0555
	網址：www.hri.com.tw
代理銷售	聯聖企管顧問股份有限公司
	110 台北市信義區光復南路 495 號 9F-3
	電話：+886.2.2717.0666
	傳真：+886.2.2717.0555
	網址：www.e-consultant.com.tw
出版日期	2019 年 9 月初版